主 编

宫长义 祝 虹

山塘雕花楼

山塘历史街区——许宅

SHANTANG DIAOHUALOU

SHANTANG LISHI JIEQU
XUZHAI

古吴轩出版社

当代也有经典

说起这山塘雕花楼，在我的印象中，它的命运坎坷，跌宕起伏，而有关它的人物和围绕它发生的故事，也让人悲喜交集，感叹不已。

山塘雕花楼，按照当初有关部门记载，只知道叫许宅。后来有人考证，方知始建于明末清初；至民国十六年（1927），成为中医许鹤丹的诊所和住宅。接下来发生的事情，老山塘人大都知晓：1997年10月落实私房政策，许宅由金阊区山塘房管所作价收购。然而2000年5月3日，一把大火将许宅大部分烧毁。此事在社会上引起了很大震动，许宅何去何从，一下子就成为苏州市民关注的焦点。

被烧毁的古建筑理应得到重建。但重建需要资金，而恰恰这古建筑的拥有者山塘房管所却囊中羞涩。其实在那时，不仅仅是山塘房管所，即便是苏州市房管局，纵然拥有并管理着全市数百万平方米的公管房屋，可遇到这类事情，恐怕也照样没辙。因为就凭着收取公管房屋那每平方米少得可怜的租金，他们连日常维修都捉襟见肘，难以为继，又哪来的资金可以用来进行大规模的古建筑修缮重建？这就是我们执行了几十年的公房管理体制的弊端！由此看来，改革已经势在必行，但改革却又苦于没有现成的路子可走，一切都需要人们进行探索。

也许连当事者自己也没有料到，他们后来所迈出的步子，其实已经突破了长期以来禁锢我们的桎梏，而走在了时代的前列。山塘房管所决定大胆引进民间资本参与古建筑修复，而其时已在酝酿山塘历史街区保护修复工程的金阊区委、区政府，更是积极予以支持。就这样，2001年7月，民营企业家周炳中，就此成为苏州自解放以来敢吃“民资修缮古建筑”这只螃蟹的先行者。

也许现在社会上对民间资本保护古建筑还会存在不少偏见。然而在那些年里，我亲眼所见，周炳中先生在修缮重建许宅过程中，那种

没日没夜冥思苦想的样子，那种四处求贤听取意见的神态，那种一丝不苟、精益求精的做法，那种呕心沥血、近乎痴狂的精神，真的让人叹为观止。山塘雕花楼之所以修建得如此出神入化、精妙绝伦，之所以博得众人喜爱，甚至还得到了中国古建筑专家罗哲文的赞赏，可以毫不夸张地说，是周炳中先生用他生命中最大的热情，令这座历史建筑得到了重生和升华！

也许正是因为他对此太投入，太专注，以至于疏忽了他原本应该重视的企业经营管理工作，最终的结局令人意外，竟然是他不得不将这座饱含自己心血和理想的古建筑转手他人。记得当初听到这个消息的时候，我的心也凉了半截。

令人欣慰的是，接替周炳中先生的二建集团公司，也是一家对历史建筑情有独钟的企业。他们曾参与了寒山寺仿唐宝塔的建设和三清殿重修等重大工程。对于山塘雕花楼，他们同样也付出了满腔的热情，使其更加完善，更加美好。现在，热心人士又在为山塘雕花楼编撰出书，对它的建筑风格、艺术特色和人文内涵等一一进行解读和赏析，以加深人们对这幢历史建筑的认识和理解。

苏州著名的雕花楼有三处：一在西山堂里，建于清代。一在东山镇，建于民国。而山塘雕花楼，虽然始建于明末清初，可先前却并不以雕梁画栋取胜，名称也不叫雕花楼；更况且当年一把火，已将它烧成了白地。它的重生和出彩，是在今天。谁说当今年代出不了建筑精品？山塘雕花楼就是一个经典！

徐刚毅

2012年7月22日

目
录

山塘河星桥一带（民国老照片）

山塘街历史遗存分布示意图

七里山塘藏珍

QILISHANTANG CANGZHEN

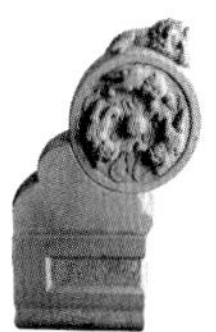

被命名为国家AAAA级风景旅游区的苏州“七里山塘街景区”，古往今来有数不胜数的文人墨客撰写文章赞美她，吟诗作词颂扬她，甚至清代乾隆皇帝也来到山塘街，御笔题写了“山塘寻胜”。恢复了昔日风采的她，以极大的魅力吸引着数以万计的中外游客来到山塘。游客们或倘佯在这条新生的古街上购物游览，或坐着游船荡漾在山塘河里细细品味两岸的风光，熙熙攘攘，川流不息，好一派繁荣景象！

山塘河依傍着山塘街，河街并行。山塘街始于阊门的北浩弄，朝着西北方向一路蜿蜒，经虎丘正山门一直延伸到西山庙桥才停下脚步。街全长约3.25公里，折合约7里，俗称七里山塘。

山塘街始建于唐代，已有千年历史。春来秋去，在她身边生活的人们生生不息，留下的历史遗存、艺术瑰宝、民间传说不胜枚举。然而随着时代的变迁，经历了漫漫岁月的冲刷，许多东西渐渐远去、消逝了。尚留在这条街上的古宅、古

2010年6月，苏州山塘街荣获“中国历史文化名街”称号

桥、古祠、古碑等建筑物，见证了山塘街璀璨的过去，记录着山塘街繁华的今天。山塘街上被列为各级文物保护单位的历史遗存有25处之多。除此之外，这条街上还留存了许多控保建筑和尚待发掘的历史遗迹，她们犹如一座座宝藏，等待着后人拂去积尘，去寻求，去探索。我们要向读者介绍的山塘雕花楼，就是坐落在这条街上的历史遗存之一。

渡僧桥
（民国老照片）

山塘河西山庙桥（民国老照片）

近千年过去了，山塘街变老了。如何让她恢复青春，恢复昔日的风采，已成为一个课题，摆在了山塘后人的面前。

2002年，金阊区政府对山塘街渡僧桥至新民桥长约400米的路段，以及路段周边的区域，组织实施了第一期风貌性保护的大规模整修。整修工程迁移了部分当地居民，对老的住宅、商铺等建筑，尽可能在保持原样的前提下做了保护性的翻建、修缮。第一期工程成功恢复了可供参观游览的景点9个，修复了玉涵堂古宅、安泰救火会，移来了古戏台，移建了汀州会馆等。

经过大修的这一路段，街道两旁以经营工艺品和各式小吃为主，形成了一条商业街，游客们都会来到这一带观光游览。与街并行的山塘河中游船争流，航线的起始船埠设在通贵桥的东面，在这儿登上游船，可以顺着河流直达虎丘，欣赏沿河两岸秀美的水乡风光。

2004年，金阊区政府又筹资对新民桥至星桥长约300米的路段，实施了第二期风貌性保护的整修。第二期工程没有迁移当地居民，对街上的老住宅、商铺等建筑仍然按照原来的样子维护、修缮。整修后的路段吸引了苏州老字号万福兴糕团店、朱鸿兴面馆等纷纷到这里落户；经数十年磨练、以猪头肉闻名的阿坤卤菜店，已归属雷允上的宁远堂中药店等在这儿都生意兴隆；百年老店荣阳楼点心店，用的是老式青边碗盛小馄饨，还能吃出几十年前的味道。民间商铺各显神通，传承着昔日的传统，延续着历史的繁华，怀旧之情扑面而

山塘河景色
（民国老照片）

茶

山
Tibetan style
山塘客栈
住宿旅游用车
电话 65332450
谭金土
老照片收藏馆
OLD PHOTOS

第一期整修后的山塘街

来。慕名而来的游客们，自然可以在这里一边浏览美景，一边品味姑苏传统美食和民间工艺，领略姑苏旧时风貌，体会山塘往昔岁月。

山塘雕花楼就坐落在新民桥西北方约100米的地方。这座由民营企业出资购买、修复的古宅，常年大门紧闭，仿佛与周围商铺、门前人流的喧闹格格不入，而人们也很难进去一睹雕花楼的芳容。

过了星桥再朝西北而去，山塘街渐渐安静下来，山塘河逐渐宽阔起来。山塘街的这一段虽然最长，但是听不到商贩的叫卖，游人的步履稀少。这一段的遗迹之丰富，风光之美丽，更引人入胜，而且金阊区政府已组织相关单位对沿街的大多数历史文化遗存进行了修葺、

山塘河

山塘河新民桥水域

韵茶

山塘河通贵桥水域

油画——山塘街的交易集市（美籍华人刘铁麟绘）

恢复，更彰显出山塘街历史文化的底蕴。

野芳浜宽阔的河面上，随风飘拂着绿色柳枝，仿佛停满了画舫，一派莺歌燕舞的景象。登上普济桥眺望西北，美景一览无余，历史气息扑面而来：明代五义士在国家危难之际抗击阉党暴政，最终慷慨就义的斗争史催人泪下；清代雍正年间敕建报恩禅寺；乾隆帝六次途经于此留下足迹……

山塘街的西北尽头，便是举世闻名的虎丘景区。现代化的道路从南和北两个方向通达虎丘，人们已经习惯自驾私家车或乘坐公交车到达景区，十分方便，这使得山塘街固有的苏州

在山塘雕花楼更楼上远眺虎丘

城区到虎丘景区必由之路的交通功能大大弱化。但是山塘、虎丘自古以来就有着割不断的历史渊源。作为姑苏风景旅游胜地的山塘街，今日她已恢复了往昔的风采，重现辉煌。

横跨山塘街的铁路及现代化高等级的道路在这儿交汇，现代和传统在这里融合，象征着苏州城市快速发展的现代化与幽幽的山塘河、繁荣的山塘街历史沉淀的奇妙而和谐的结合。当你漫步山塘街上，你会感受到苏州历史文化的厚重。

依傍山塘河的山塘街，恰如一条美丽耀眼的珍珠项链，串联起七里山塘的古建遗存；而山塘雕花楼，也许就是那最耀眼的一颗。今天我们将在这一长串的古建遗存中，采撷那颗最美妙的珍珠，轻轻地掀开她神秘的面纱，将其原汁原味的古建技艺、美轮美奂的古韵风貌、精致精美的雕刻艺术、高雅高贵的装饰装修呈献给读者。山塘街二十景之外，更有一番“山外有山，天外有天”的惊叹！

山塘雕花楼俯视图

许宅别致构建

XUZHAI BIEZHI GOUJIAN

山塘雕花楼，即许宅，早年是苏州中医外科著名医生许鹤丹之宅。要了解许宅，得先从许鹤丹其人说起。民国初期，吴县通安有15家私人诊所。旧时私人医师大都在自己家中行医，所以居住的家也就同时作为诊所。

许鹤丹家世代行中医，之前在通安金墅这个小集镇开业接诊。因为他的医术高超，前来求医的人络绎不绝。民国十六年（1927），金墅镇遭到太湖土匪洗劫，许鹤丹便将他的诊所迁往苏州山塘街250号继续行医。当年中医外科在苏州开业行医的有11人之多。许鹤丹凭高尚的医德、高超的医术，在当地赢得了声誉，所以后来将诊所迁往山塘街后，前来求医的人仍然络绎不绝。

民国十九年（1930），吴县中医公会与吴县医学研究会经过改组合并成吴县国医会，许鹤丹当选为国医会第一届质监委员会质监委员。后来抗日战争爆发，这个组织也随即解体。

民国二十三年（1934），苏州国医学社更名为苏州国医学校。根据当时私立

中華民國二十五年六月十三日　吳縣日報

第七千二百七十號

今日二張售半銅元五枚

全國郵政局均可代訂本報

蘇州國醫學校設立國醫研究院並添聘教職員通告

本校為增高學生程度起見除派三年級生分赴本校校董許鶴丹鄭燕山經綬章程文卿曹黼侯顧允若顧福如諸先生醫室實習外特再設立國醫研究院添聘教職員茲已敦聘章太炎先生為院長章次公先生為副校長兼藥物主任陸淵雷先生為內科主任余無言先生為外科主任徐衡之先生為兒科主任宋愛人先生為治療主任祝懷萱先生為方劑主任謝誦穆先生為編輯主任除已呈報備案外特此通告

（地址）蘇州長春巷（總辦事處）蘇州吳趨坊王慎軒女科醫室（仿登無效）

据民国二十五年（1936）《吴县日报》刊登的《通告》：许鹤丹为苏州国医学校校董，许鹤丹的诊所亦为实习诊所之一

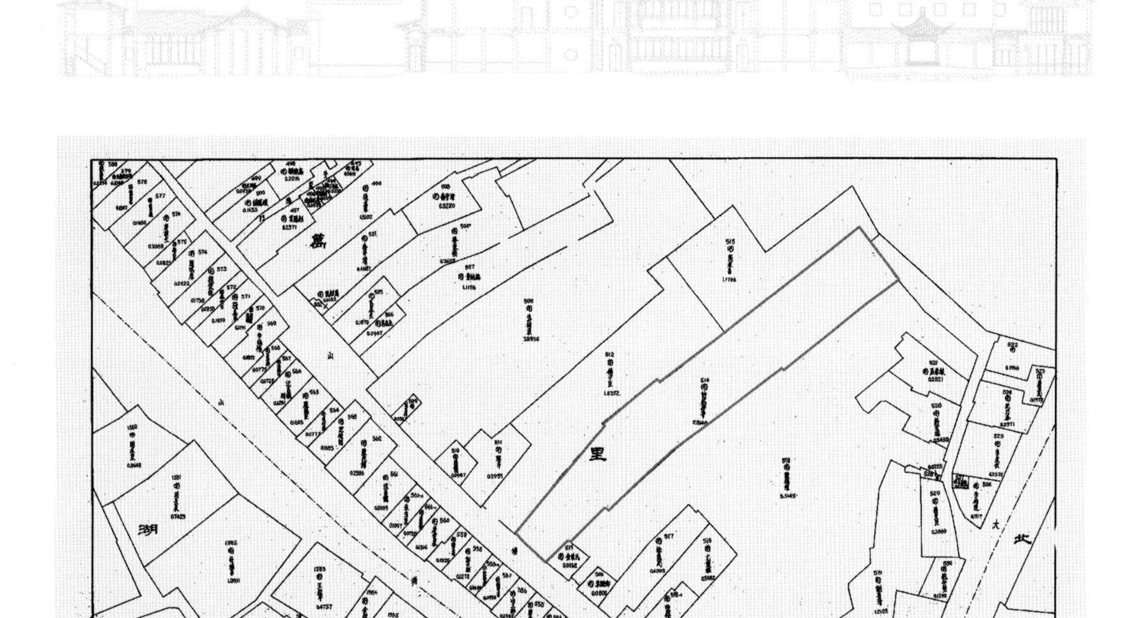

山塘街250号地籍图（1951年）

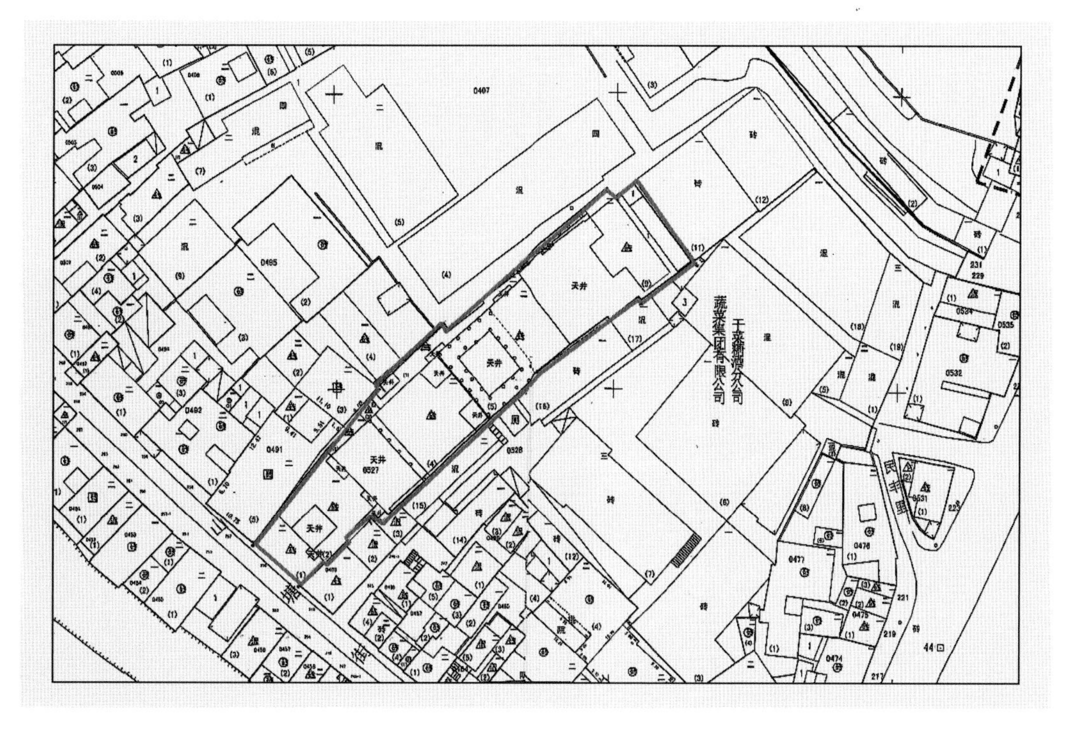

山塘街250号地籍图（2009年）

《吴县志》书影
曹允源编纂

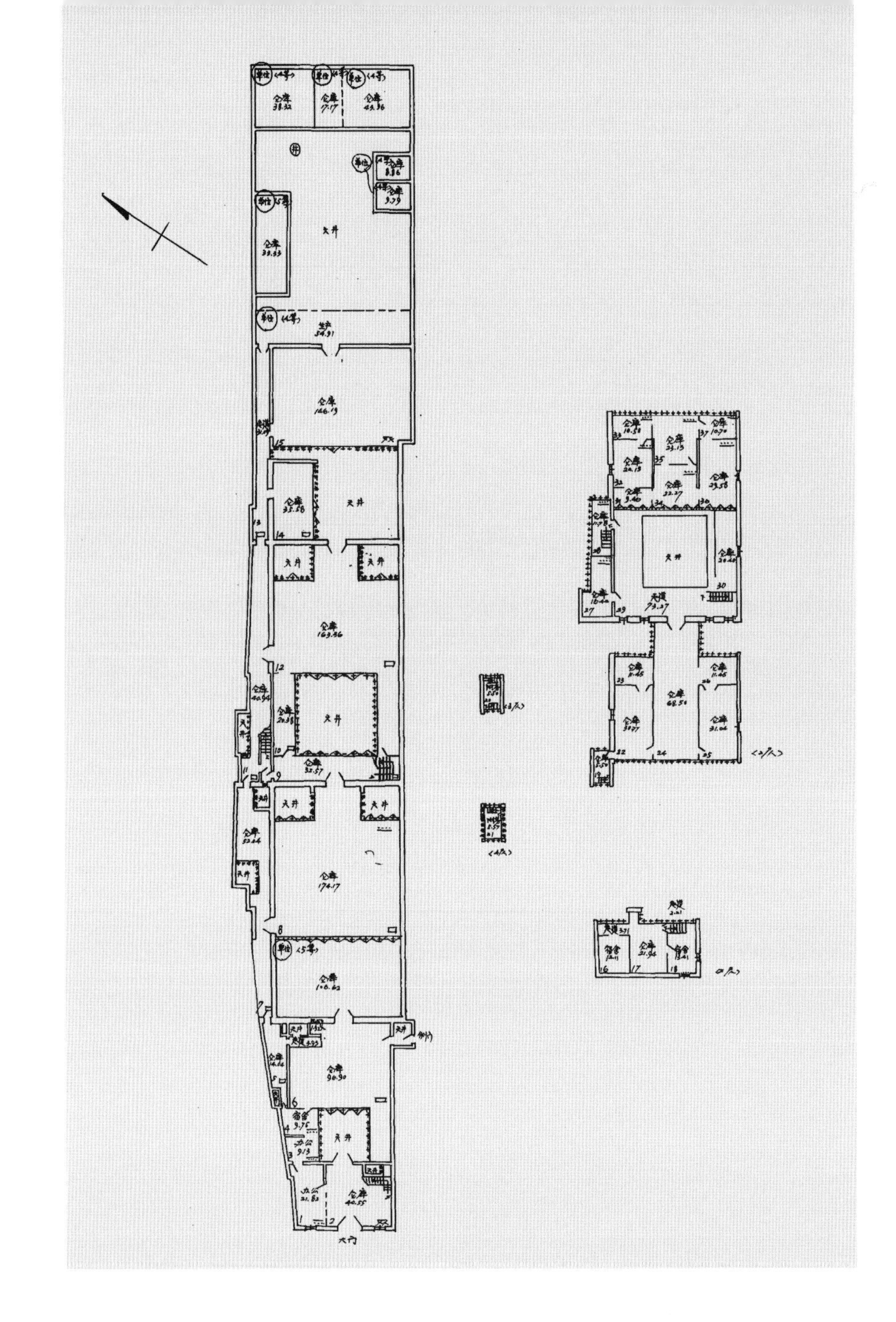

山塘街
250号平面图
（1965年）

学校的组织规程，学校建立了校董会，李根源为主席董事，许鹤丹为校董。

民国二十五年（1936），苏州国医学校设立了国医研究院，聘请章太炎先生担任院长。当时学校对学生的教育形式丰富多彩，还将学生分配到苏州各科著名中医处进行实习。许鹤丹的诊所也是学校的实习诊所之一。民国二十六年（1937），学校因抗日战争爆发而停办，仅有一届毕业生共计34人。这届毕业生后来大都成为国内、省内中医医疗教育单位的中坚骨干力量。

许鹤丹注重医德，热爱公益，更愿帮扶穷人，对贫困者求医总是不加计较。他医术高超，医德高尚，口碑甚佳，被众乡里称道。许鹤丹在苏州不仅行医，还积极支持苏州的医学教育和研究，在苏州医界具有一定的威望，堪称苏州医学史上的名医。

但是作为传说中的苏州名医，许鹤丹并没有在苏州的地方史料中留下更多的东西。可是他的住宅，却因建筑别致而在《苏州市志》和《吴县志》中都有所记录。《苏州市志》记载："山塘街许宅，坐北朝南5进，建筑面积2,303平方米。第一进为楼；第二进厅堂面阔3间11米，进深7檩7.3米，扁作梁，青石柱础，朴实无华，时代较早；第三、四进相连为走马堂楼；第五进为厅堂。第三进西南隅有卷棚歇山顶望楼3层耸起，甚为别致。"

"控制保护建筑"的分类和提法，是苏州的首创。1982年，苏州市进行古建筑普查，普查中发现了一大批文物价值和艺术价值都较高的古建筑，现均已被列为国家、省、市级文物保护单位。除此之外，普查还发现一批近200处有相当价值的古建

俯视走马楼

“控制保护建筑”标识

筑，但是它们还达不到三级文物保护单位级别。为了进行保护，苏州市把它们列入了“控制保护建筑”保护名录，并在建筑物上标识了由苏州市文物保护管理委员会统一制作的有编号的“控制保护建筑”牌子。在后来苏州的旧城改造过程中，这些古建筑享受到了“准文物”待遇，得以被保护留存至今。许宅因建筑年代、建筑特色和建筑风格，特别是精致的雕花，被苏州市文物管理委员会列为“控制保护建筑”，编号182号。

许宅坐落在山塘街上，南近山塘河。一般说来，房屋的门户要正对街道。而山塘街为“东南—西北”走向，所以在建造时，为了正对山塘街，许宅的大门有点偏向西南。从正对山塘街的前门到达北边的底端，整个许宅进深有200余米，占地2,890平方米，房屋建筑面积2,590平方米。其布局采用江南传统民居建筑手法，共一路四进，门楼两座，东西两侧为备弄，庭院相连，宅后有假山庭园，还有一片竹林。这座建筑跨越的年代较长，虽然现存的大部分建于清末民初，然而，从轿厅留存的青石鼓磴柱础及明式梁架来看，有些部分应该是明末清初建筑。由此可以推测，最早开始建造许宅应该是在明末清初。在历史上，许宅曾经是太平天国的指挥部，解放后又被当

山塘雕花楼剖面测绘图

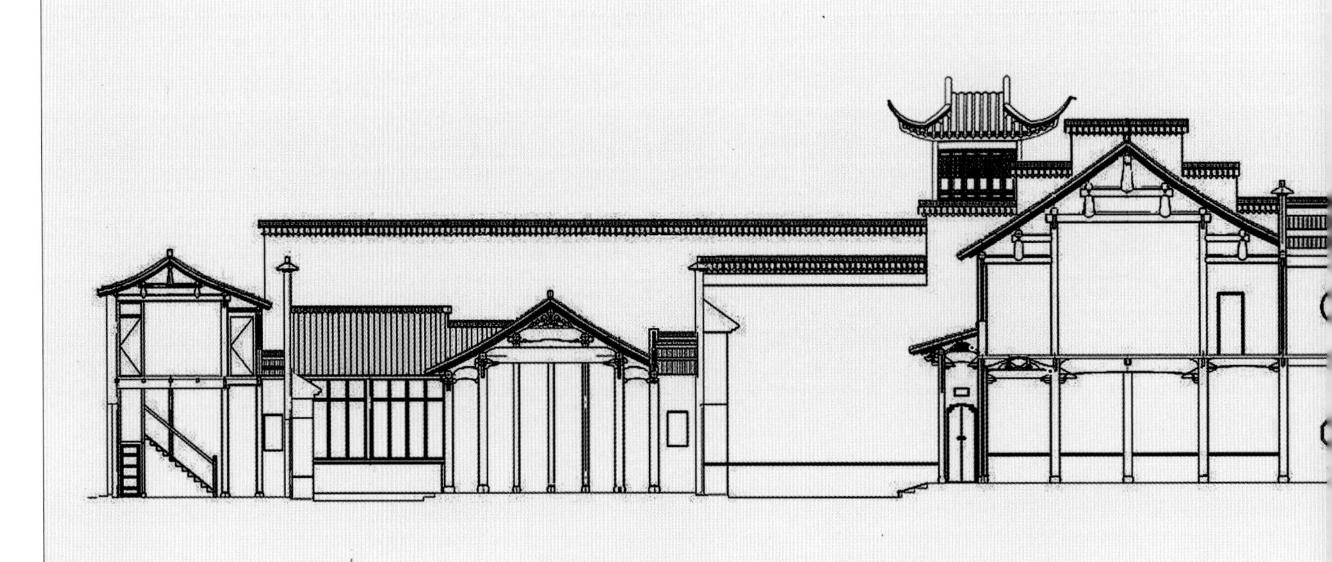

作化工原料仓库使用，其中的花园、假山已被拆除；室内大体没有什么变动，仅有部分地方稍作了整修。1997年10月，其一至三进、计面积848.27平方米落实私房政策，后由金阊区山塘房地产开发经营公司作价收购，作为金阊区山塘房管所的办公用房。

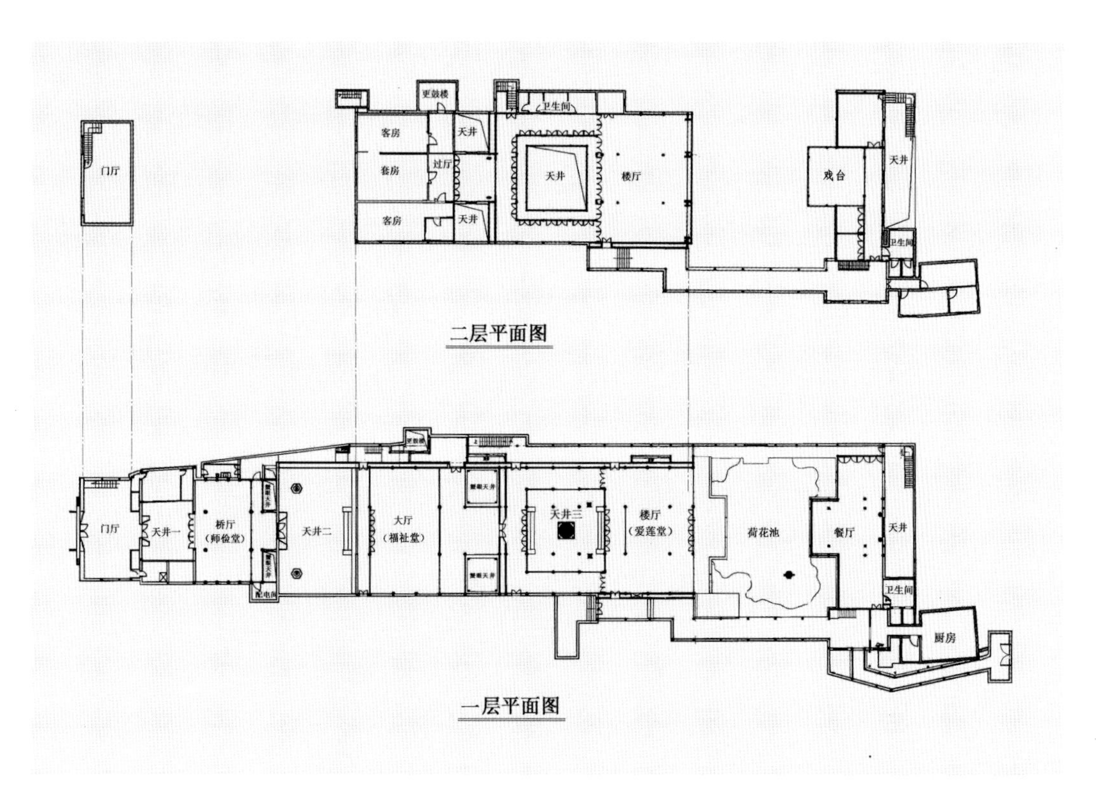

山塘雕花楼平面图测绘图

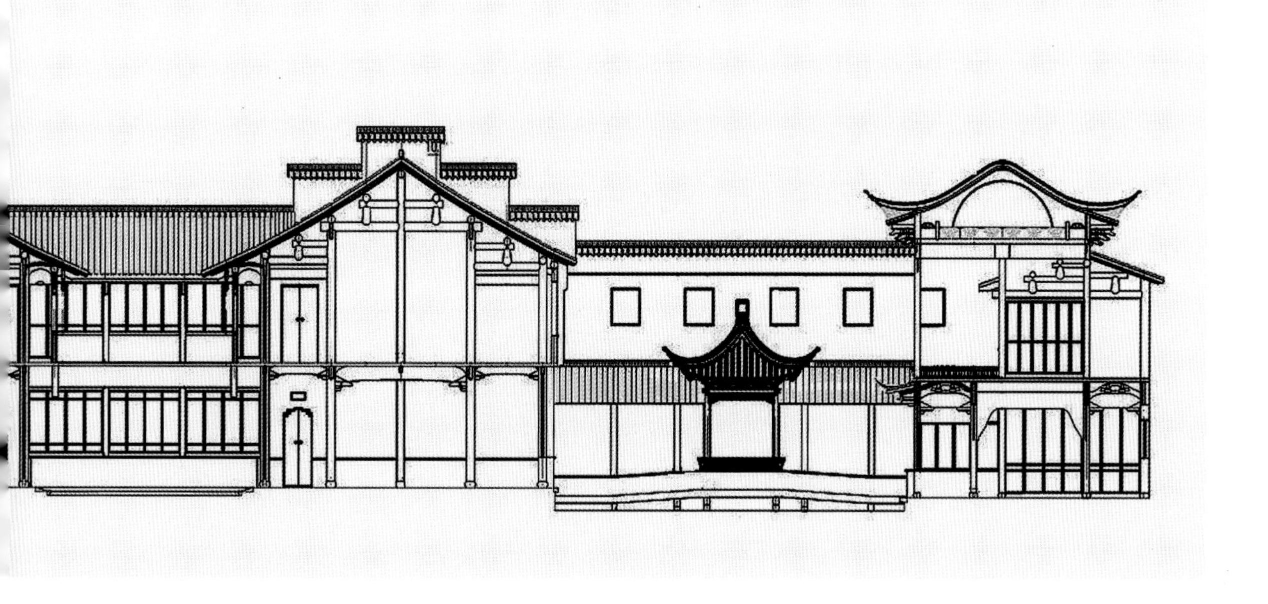

二建公司修建后山塘雕花楼的正门和门楼

罗哲文题写的“山塘雕花楼”匾额

当我们来到山塘街，如有机会走进这座雕花楼，就能目睹它别致的构建、精妙的雕花，领略它建造的艺术。

1. 第一进　门厅

来到山塘街250号大门，可以看到近年增设的一座砖细门楼。原来这里只是一个素雅的、一点都不起眼的石库门。石库门的墙门边挺和上下槛都选用花岗岩条石筑成，显得十分坚固厚实；双扇黑漆大门，配置兽形铜门环；墙顶施以砖细抛方。雕花楼修复后，在石库门的门楣上方镶了砖额，上书“山塘雕花楼”。砖额由5块砖细雕刻组成，由著名古建专家罗哲文题写。后为突出“山塘雕花楼”砖额，又增设了一座小巧的砖细门楼，使这五个大字更为醒目。

雕花楼门厅临山塘街而建，沿街为实心墙体。推开双扇石库墙门，就来到第一进门厅。门厅二层，三开间，面宽10.33米，进深六界6.06米，厅内全部选用陆慕御窑烧制的方砖铺地。

按照苏州古建筑的传统制式，一般人家的门厅都是一层平房，进深四界。当时宅子的主人许鹤丹并不是显赫的官宦、富贵人士，仅是姑苏的一名外科中医，也许是为方便患者看病和出药、卖药，在翻建房屋时将门厅改建成了二层，底层为药铺，二楼为诊室，延续了“前药后医”的传统模式，合理利用了建筑空间。

站在门厅内，我们可以想象出当时诊所内门庭若市的景象：进门一排柜台，柜台里站着一个带着老光眼镜的药师，眯眼对着方子出药。柜台后面则是一排满是抽屉的药架，抽屉上贴着药签，依稀写着“甘草、半夏、丹参……”药架挡住了通向

民营企业家修复后山塘雕花楼正门

二建公司修建后山塘雕花楼新增的砖雕门楼

内宅的工字间，既分隔了内外，又方便就诊者配药、买药。门厅左侧一架楼梯直上二楼。当楼上对开的两扇楼门关上时，自然将一楼顾客和山塘街上往来人群的嘈杂声隔断，许郎中就可以为患者望闻问切，静心诊断，细心处理，提笔开方。

现在的门厅内，堂间空旷，吊坠的宫灯别具一格。一架嵌有《虎丘胜迹》浮雕图案及范仲淹《虎丘山》诗的落地红木地屏，代替了原来的药柜药架，掩遮着过路人们通向内宅的视线。

从地屏左边或者右边走过去，就是门厅的工字间。工字间两侧设置着小而精致的蟹眼天井。天井内设有隐蔽的阴沟，可将顺着屋檐流下的雨水排出。日光可通过塞口墙折射进门厅；到了夏季，也会有徐徐凉风从塞口墙折回吹来。蟹眼天井与门厅之间隔有书条式短窗，工字间两侧开有宫式和合窗。苏州的古建筑为了防火，房屋四周均设有封火墙，因而不能在墙上开窗，一般都在屋后的工字间设置蟹眼天井，以便于厅堂屋檐的排水和厅堂内部的通风、采光。

门厅为二层，图为底层和楼梯

门厅二楼内的装饰和布置

门厅内红木地屏正面
《虎丘胜迹》浮雕图

红木地屏背面
范仲淹《虎丘山》诗

2. 第二进　轿厅（师俭堂）

从门厅的工字间向北走过一座砖雕门楼，就可来到第二进轿厅。走进第二进，面临的是轿厅南面的天井。天井的主要功能是排水、采光和通风。传统“风水学”则认为天井是气口，作用在于聚财养气。天井为围屋式，采用金山石板铺地，使人感到天井的古老苍劲。如果把轿子比作现代的汽车，那么当时的轿厅就好比是现代的私人车库。轿厅俗称茶厅，是供客人和主人上下轿的地方，也是供轿夫喝茶待命的休息之地。

轿厅建筑为三开间两厢房，面宽10.8米，进深六界8.7米，扁作梁，青石柱础，明式的梁架；梁架浑厚，没有任何雕饰，十分简洁。正间前设置三级踏步；踏步为花岗

山塘雕花楼师俭堂内景

王恩珩题写的“师俭”匾

岩锁口石加侧塘石，高约0.5米，制作细致。轿厅正面为6扇落地长窗与两扇宫式半窗。推窗跨入，俯视可见厅内由陆慕御窑方砖铺地；仰望可见悬挂的横匾，额题“师俭”，黑底金字，字体隽永，所以轿厅也被称作“师俭堂”。师俭，其意深长，源于《史记·萧相国世家》所载：“后世贤，师吾俭；不贤，毋为势家所夺。”其意为崇尚节俭，深得主人真意。横匾下，以满屏的形式布置了由秦怀仁80岁时书写的清元和袁学澜的《吴郡岁华纪丽·吴中四时行乐哥》。厅内左右立柱上一副费新我手书楹联，上联是“旷心将江海齐远”，下联为“宏量与宇宙同宽”，劝人心胸宽广，乐观待世，宽容待人。厅内左右侧墙上各

费新我手书楹联“旷心将江海齐远，宏量与宇宙同宽”

师俭堂南立面测绘图

师俭堂南立面的长窗和半窗

挂4幅名家国画。

轿厅两侧厢房与天井以宫式半窗相隔，辅以半墙。围绕天井四周的门窗都没有一点雕饰，与后面两进精致的雕饰、大片的雕花绝然不同。这样的建筑布置，体现了主人深藏不露的本意，也给人一个先简后繁的观赏效果。

正对着厅前，建有一座题字为“祥云瑞日”的砖雕门楼。门楼简洁古朴，据考为明代遗存。门楼的下枋V字形包袱锦上雕刻了21种花卉和动物。细细辨来，其间雕有松鹤、桂兔、草龙、向日葵、石榴、荷花、“寿”字等八宝砖雕图案。其两侧配雕祥云、蝙蝠莲花柱，浑厚古朴，寓意呈祥。兜肚左侧砖雕图案为玉兔；右侧略有残缺，

方砖墙裙

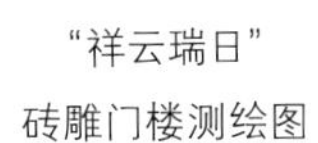

“祥云瑞日”
砖雕门楼测绘图

推测疑为金乌。《淮南子》记载“日中有乌”，《汉乐府·董逃行》亦有“玉兔捣药”的典故。古人认为“日中有金乌，月中有玉兔”，以金乌代表太阳，玉兔代表月亮，故有成语“东兔西乌”。兜肚砖雕与之对应。“祥云瑞日”：祥云亦称如意云，取高升、如意之意；瑞日，吉祥的太阳，所谓“瑞日照耀，荣光昭宣”。祥云瑞气，晓日和风，意为太平佳兆，充分体现了安祥宁和的传统祈望。蝠与福谐音，古时常以蝙蝠象征福运祥瑞，有诗为证：“蝙蝠舞厅禧堂庆，春色满园绿草茵。”

门楼整体造型轻巧秀美，颇具特色。门楼硬山式屋顶，斗拱饱满圆润，屋脊为哺鸡脊。

从左或右边间走到轿厅统宕平门背后，是轿厅的工字间。工字间两侧设置了小巧精致的蟹眼天井。左右两侧的蟹眼天井与厅堂之

“祥云瑞日”砖雕门楼

"祥云瑞日"砖雕门楼哺鸡脊

间各有6扇曲尺型宫式短窗，既能用来与厅堂隔断，又可用来通风、采光。工字间的西面，有一条备弄，又称避弄，是宅内正屋旁侧的通道，贯通前后,作为女眷、仆人、婢女进出之道，以避让主人和男宾，符合当时封建礼教等级制度。备弄亦兼有防火功能。

厅内明代风格的梁架和青石鼓磴石，明代遗存的砖雕门楼，这些让我们有理由相信，门厅、轿厅的建造时代较早，应该是明末清初。这些遗存在苏州古宅中已经不多见。历尽岁月留尘，它们曾经的神韵意境已悄然流去，恰似"雕栏玉砌今犹在，更改却，岁岁年年"。

3. 第三进　正厅（福祉堂）

走出第二进，就可跨入第三进。第三进是全宅的正厅，是主人接待宾客的场所。正厅为二层骑廊轩楼厅构架，面宽13.4米，统进深九界达16.25米，屋檐高达7.7米，是一座高大宏伟的楼厅，气势轩昂，用料浑厚，与第四进的楼厅（堂楼）围合成上下两层传统的"走马楼"建筑格局。这种结构在苏州现存的民宅中并不多见。正厅屋顶最高端是小青瓦竖起砌筑的纹头脊，脊高0.6米；最低一路为0.16米高的滚筒，往上是三路头线脚。屋面走水档笔直，顺着走水档，一眼能望到屋脊。盖瓦垄的每张瓦片都清晰可辨，尽收眼底。

走进正厅，就会有一种非凡的灵气向你袭来，犹如走进了一座瑰丽多姿、美轮美奂的木雕艺术大殿，凸显了雕花楼的主题，也是许宅别具一格的最大特色。

江南民居的外表常给予人们一种淳朴、厚重的感觉。而大户人家内部的雕梁画栋，特别是那些镌刻在梁枋、门窗、隔扇上细密繁华的木雕，又映现出一个瑰丽多姿的艺术世界。这种鬼斧神工般的雕琢工艺，不仅蕴涵着生动的灵性，同时鲜明地折射出传统建筑的文化观念、风俗习尚、道德伦理、审美情趣等特质，将刚毅与柔和、简约与繁复、质朴与细腻等凝结于方寸之间，达到一种完美的和谐与统一，让后人得以穿越时空，体味和欣赏其浓烈的生命气息，也为我们今天记忆和探索民族历史和文化艺术提供了弥足珍贵的实证。

雕花楼的木雕采用楠木、银杏、香樟等多种名贵木材作为基材。据粗略统计，

福祉堂内景

集甲骨文字

福祉堂的装饰和家具摆设

整座雕花楼共有450多件雕花板组成1,200多幅图案，无一重复。大厅底层福祉堂内，每个构件都有着不同的雕刻图案。2根大梁、12根轩梁、12根荷包梁、4根双步、18根枋子搁栅上，正间8扇长窗和前后边间56扇短窗裙板上，都雕镂了各种祥禽瑞兽、四季花木、戏曲典故等，正所谓是“无处不雕刻，无处不精致，处处是艺术，幅幅皆典故”。

正厅的8扇屏门，镌刻着四季花卉。两侧为银杏木的落地飞罩，雕刻着“岁寒三友”松竹梅图案。工匠们的镂空透雕手法，使得图案的立体感很强。花厅的梁上，浮雕栩栩如生。厅内木雕还有蝙蝠、梅

福祉堂内用银杏木雕刻的落地飞罩透雕“松竹梅”图案

福祉堂南立面

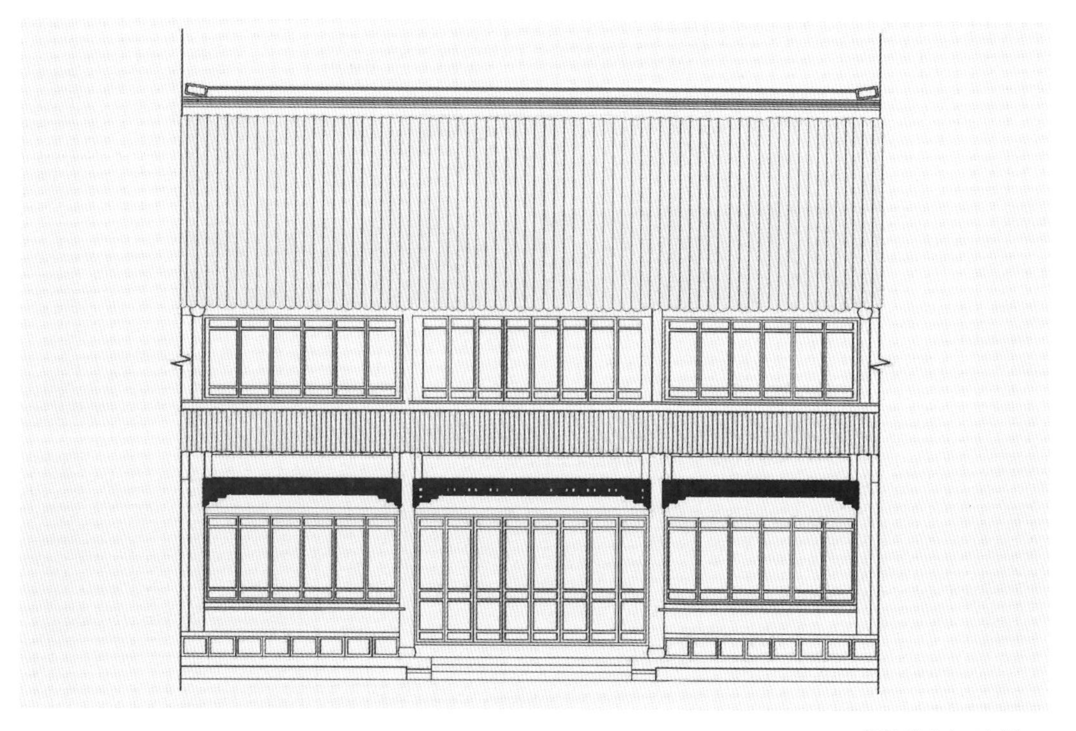

福祉堂南立面测绘图

花鹿、仙鹤、凤凰和金钱豹，隐含“福、禄、寿、喜、财”之意。

正间8扇落地长窗可以称为雕花楼雕刻的精华，长窗裙板上用浮雕手法雕刻成脍炙人口的“八美图”。左侧4幅雕刻着古代四大美女，依次是杨贵妃、貂蝉、王昭君和西施，婀娜多姿，娴静柔美，“手如柔荑，肤如凝脂，领如蝤蛴，齿如瓠犀，螓首蛾眉，巧笑倩兮，美目盼兮”。而右侧4幅刻画了古代四位巾帼英雄，分别是梁红玉、花木兰、樊梨花和穆桂英，英姿飒爽，挺拔飘逸，“横刀呵战马，挂帅震胡魁。巾帼疆场骋，英雄杖策挥”。左文右武，每幅画面都能让人联想起一个典故、一个传奇。上夹堂板图案是梅、菊、兰、牡丹等各式花卉，风姿绚丽，争奇斗妍。中夹堂板上是各式奔腾的骏马，扬鬃撒蹄，奔腾欢跃。下夹堂板雕刻了各式回纹。两边间各为6扇葵式半窗，半窗裙板上刻有十二生肖图案，左6扇依次为鼠、牛、虎、兔、龙、蛇，

福祉堂8扇落地长窗雕刻着精致的“八美图”

福祉堂左右各6扇半窗裙板上雕刻的十二生肖图案

裙板雕刻“八美图”之杨贵妃

裙板雕刻“八美图”之貂蝉

裙板雕刻“八美图”之王昭君

裙板雕刻“八美图”之西施

裙板雕刻“八美图”之梁红玉

裙板雕刻“八美图”之花木兰

裙板雕刻“八美图”之樊梨花

裙板雕刻“八美图”之穆桂英

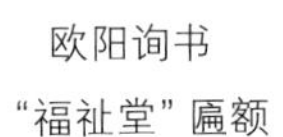
欧阳询书
“福祉堂”匾额

右6扇分别是马、羊、猴、鸡、狗、猪，形象逼真，活灵活现，栩栩如生。十二生肖两两相对，分别代表着智慧、勤劳、勇猛、谨慎、刚猛、柔韧、执着、和顺、灵活、恒定、忠诚与随和12种品德，同时也寓意年年祈福、岁岁平安。而寿桃形的窗门插销、蝙蝠形的插座，取福寿双全之意。

因为正厅的层高比较高，在落地长窗和半窗的上方还有一段空间，便设置了20扇葵式和合窗，配有祥云图案。围廊外侧廊桁下夹堂板为透雕回纹，寓古老长寿之意。枋子正面各雕刻着盛开的牡丹和翩翩起舞的凤凰，呈现“凤穿牡丹”的吉相。枋子下面的葵式万川挂落做工十分精细。

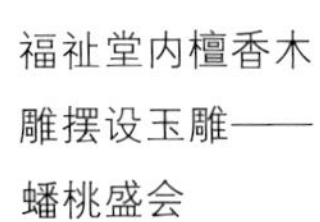
福祉堂内檀香木雕摆设玉雕——蟠桃盛会

底层正中悬挂黑底金字匾一块，题字“福祉堂”，因而正厅也称为福祉堂。许慎《说文》注“福，佑也”，甲骨文“福”原意为祈求神灵护佑，后金文引申为富贵、福相。《说文》注“祉，福也”，《左传·哀公九年》中亦言“祉，禄也”，“祉”本意为祖先降临，后指福气、祥贵。“福祉”的大意是幸福、利益、福利，也有祝福和企盼幸福生活之意，代表幸福美满、祥和富贵。匾额“福祉堂”落款为欧阳询。

屏门左右两侧为银杏木的落地飞罩，亦为雕花楼中的精品，采用精细的镂空手法，透雕“松竹梅”图案，纹饰匀称，手法精巧，立体感强。松竹梅具玉洁冰清、傲立霜雪的高尚品格，被世人合称为

福祉堂内博古架及古玩

福祉堂内前双步鹤胫轩

瓦翁书写的楹联“既安且宁并受其福，秉文之德亦各有行”

“岁寒三友”，有诗云“松柏风度，梅竹情操”；也寓意常青不老、生命旺盛的不屈精神。

正厅的梁枋，浮雕栩栩如生。中国传统时常以八仙法器隐喻道家上洞八仙，俗称“隐八仙”。厅内木雕还有蝙蝠、梅花鹿、仙鹤、凤凰和金钱豹，隐含“福、禄、寿、喜、财”之意。

正厅是主人迎宾待客、喜庆宴请的主要场所。若三代同堂，正中位置为祖父母，东边为父母，两边为儿女。若来贵客，根据东为贵的习惯，客人坐东边，主人坐西边。古时这些细微举止的礼节，在宅第中都有设置一一予以对应。《尔雅》曰：“室中谓之时，堂上谓之行，堂下谓之步，门外谓之趋，中庭谓之走，大路谓之奔。”这就是古代宅第的礼制精神。

厅内一堂红木家具，一应俱全。当首的条案结构舒展平直，体态庞大，两端飞足起翘，气态高昂。左右两侧置花儿、盆栽。条案的正中安放一尊大型青花瓷瓶，寓意平安。瓶中插有孔雀翎，孔雀翎的“眼睛”象征智慧，金色羽杆代表佛教法门。孔雀翎古时经常被用于装饰日用品，以示吉祥，到清代甚至将孔雀翎装饰于官帽之上，代表品级。青花瓶两侧各安放一架红木雕刻底座的人物苏绣台屏，极富鲜明的地方特色。在条案前，置有一张精致的大方桌，配上左右两旁精雕细刻的太师椅，宽窄有序，层次分明。大厅两侧对称地布置接待宾客的红木太师椅和配套的茶几，格局规整，排布整齐，彰显独特风范。

大方桌前、厅堂中心置放一张红木花式圆桌，配6只束腰鼓凳。大厅两侧沿墙有博古架和展柜。这种灵活的布置亦反映出富裕人家日常生活的情趣和真情实感。

厅内步柱上挂了一副瓦翁书写的楹联，上联是“既安且宁并受其福”，下联为“秉文之德亦各有行”。正厅楼下的前双步内设鹤胫轩，底层后双步和大厅内现有吊顶、彩绘。

福祉堂内条案、圆桌、圆凳等家具摆设

福祉堂后工字间一角

福祉堂后工字间、走马廊、天井和爱莲堂

屏门后是工字间。由于福祉堂和北边走马楼回廊相接，为保证有足够的通风、采光，工字间和蟹眼天井的进深较大，有3.7米之多。两边蟹眼天井装有曲尺型的葵式半窗，上置葵式和合窗。光线透过短窗掠过挂落，使正厅的通风、采光和顺均匀，整个气场更为通透。

厅南有围廊，廊架设一枝香轩。围廊内为陆慕方砖铺地，金山花岗石台阶，两边间围廊外设0.5米高砖细坐凳式栏杆，半窗裙板外设葵式万川木栏杆。

两侧长方形边门分别通向东西两侧曲廊和备弄。边门采用砖细门景，右门景上方砖额为“蜂巢”，左门景上方砖额为“燕窝”。砖额以中药名题之，这在苏州地区

福祉堂前通向西备弄的砖细门景——燕窝

福祉堂前通向东备弄的砖细门景——蜂巢

极为罕见，却与原主人行医世家的身份相对应，可谓别具一格，颇有情趣。

正厅二楼两侧被辟为居室，是主人接待贵宾之处，客人可到此小憩。居室内古朴典雅，设置了落地圆光罩和落地花鸟屏。现已将其布置成两套套房，设置了会客室、卫生间，装修和布置极为现代，但又不失儒风雅俗，完全根据现代人的居家休闲需求设置，可满足来此

落地花鸟屏

福祉堂二楼客房内外布置

福祉堂正厅二楼客厅布置

福祉堂前金山石板天井内石幢。图为东侧石幢

天井内青石古井栏圈

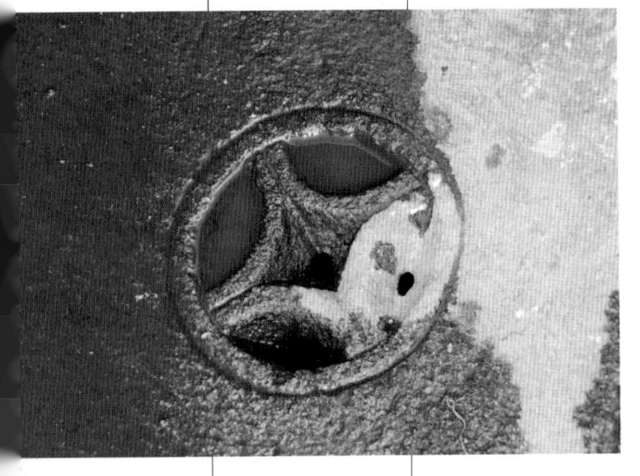

天井内古钱形金山石落水孔

游玩、进行商务活动人士的小住，任君谈笑风生。

南面天井，全部用金山石板铺地。天井尽南，东西两角凿有古钱形金山石落水孔各一。天井里花木扶疏，东西两侧对植乔木两株，东为金桂，西为玉兰。一到秋日，满地金灿灿的桂花，幽香袭人，清雅高洁，可谓"清香不与群芳并，世上无花敢斗香"。古时高中状元被誉为"蟾宫折桂"，因为桂与"贵"谐音，也借喻"荣华富贵"之意。而待到春来，一树玉兰又如片片白玉，冰清玉洁，意味深远。桂花金黄，玉兰洁白，把金桂和玉兰植于同一天井，象征着"金玉满堂"、"兰堂富贵"，就像苏州大多数大户人家的私宅一样，既营造了主人居住的好意境，又讨得了金玉满堂的好口彩。

苏州人家一般都会在天井里设置水井，井水可用于餐饮，可用于浇花，也可用于消防。其实设置水井在民间还有讨口彩的意愿。水井为泉，"泉"又通"钱"，并取其源源不断的寓意，象征财源滚滚。福祉堂前有左右对称两眼水井，意为左右逢源，财源滚滚，也称"双喜临门"，和“金玉满堂”相互呼应。一对青石井栏圈为旧物，采用洞庭西山青石凿制。青石石质较软，易磨损，故井栏圈时至今日已光滑锃亮。井栏圈内为圆形，外呈八角形。天井周边围墙墙裙为磨细方砖。一个天井里同时置有两眼水井，在苏州古宅内也是绝无仅有的。

天井南边有朝北的砖雕门楼一座，砖雕额题“嗣宗泽远”：嗣，继承，接续；宗，祖宗；泽远，有容纳四方、兼济八方之意。大意是继承祖德，行善民众，和许鹤丹家传行医济世之德暗相符合。落款“戊午秋八月吴县顾元昌题”。从落款戊午年（1918）来看，建这座门楼时已经是民国时期了。据此足以判断第三、第四进建筑的

“嗣宗泽远”砖雕门楼字牌

“嗣宗泽远”砖雕门楼镂雕枫拱

“嗣宗泽远”砖雕门楼屋脊上雕刻的五福（蝠）围纹

"嗣宗泽远" 砖雕门楼雕刻的《三国演义》中的戏文，有《三请诸葛亮》等典故

“嗣宗泽远”砖雕门楼雕刻的《三国演义》中的戏文，有《刘备拜见乔国老》、《煮酒论英雄》、《甘露寺招亲》、《三英战吕布》等典故

“嗣宗泽远” 砖雕门楼

建造年代应是在晚清或民国初年。

门楼采用细腻的浮雕手法，浑厚古朴，精雅细致，气韵生动，可用烟墨比拟之，使门楼平添了几分浓厚的书卷气。门楼为歇山式屋顶且四面落水，水戗戗角均以砖代木细雕而成。纹头脊、蝴蝶瓦、花边滴水下为砖细飞椽。屋脊正中塑有蝙蝠5个，围成图形。檐下斗拱两跳，镂雕枫拱镶嵌于两跳斗拱之间。斗拱间隔镂雕梅花，民间常借梅花的五花瓣象征“福、禄、寿、喜、财”五福之意。砖雕门楼整体采用立体镂雕工艺，雕饰凸出底面。其上枋、兜肚和下枋雕刻《三国演义》中的戏文故事，有《刘备拜见乔国老》、《煮酒论英雄》、《甘露寺招亲》、《三英战吕布》等典故，古朴无华，栩栩如生。上枋和字牌下饰卷草、金钱、蝙蝠纹砖细挂落，兜肚外置透雕万字纹栏杆。两侧垂柱刻有狮子戏绣球。整座门楼造型古雅，结构严密，内容繁而不乱，层次多而不紊，雕工精细透逸，是江南砖雕门楼的杰作。

4. 更楼

正厅的西南角耸立着一座更楼。更楼是古时专门用于远眺守望、打更报时的建筑，一般置有打更用的钟鼓，所以亦称“樵楼”或“钟鼓楼”。白居易诗曰：“丝纶

福祉堂西侧更楼，为苏州现存最高的一座

福祉堂西侧更楼
亦称望山楼

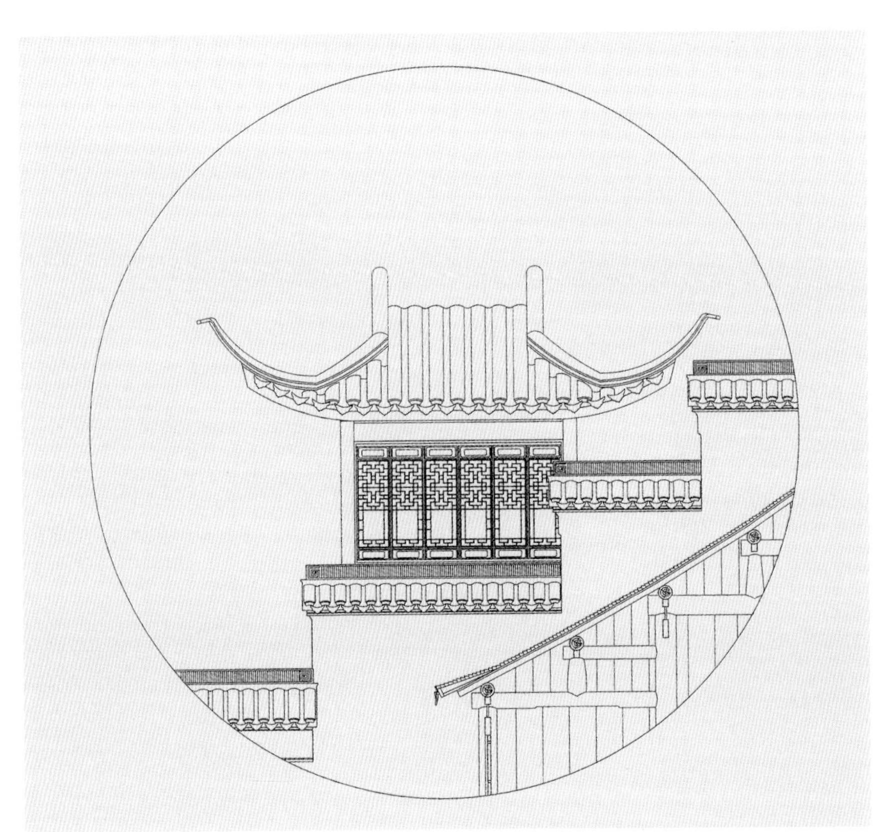

更楼测绘图

阁下文书静，钟鼓楼中刻漏长。”

雕花楼的更楼东靠正厅山墙而筑，西依邻宅，高高耸立在两宅之间。更楼的占地面积仅约5.4平方米，但四层檐高却达到11.5米，体量虽小而挺拔峭峻。苏州的古更楼目前尚存3座，雕花楼的这一座是目前苏州现存最高的更楼，这也是许宅别致的第二个特色。因为更楼很高，已经超出了邻宅的屋面，所以当我们举目仰望更楼顶端四翘的翼角、古典的花窗，那小小的更楼就好似一叶扁舟，荡漾在一片青色的屋面上，造型异常秀美。登上更楼极目远眺，姑苏全景尽入眼帘；而面向西北方向遥望，虎丘近在眼前，美景尽收眼底。因而这座更楼也被称为望山楼。在望山楼上也能依稀体会到一些前人生活的缩影。

更楼东侧为五山屏风墙，山墙顶端高出正厅屋脊，外形上下五层叠落，形成高昂的马头形象，亦称为五叠式马头墙。墙顶挑以两坡檐砖，上覆小青瓦，或低或昂，层层叠叠，张弛有度，挑拽自如，构成连续起伏的韵律，娴静又不失活泼，恰如唐诗云：“踏踏马蹄谁见过，眼看北斗直天河。”

5. 第四进　走马楼（爱莲堂）

穿过正厅工字间，便来到山塘雕花楼第四进楼厅（堂楼、爱莲堂）。楼厅为二

爱莲堂屋脊上的福禄寿三星塑像

层骑廊轩楼厅构架，面宽13.4米，统进深九界达9.6米，屋檐高达7.7米。屋脊正中塑造福、禄、寿三星，寓意福禄双全，延年益寿。楼厅两面的山墙是五山屏风墙（五叠式马头墙），高达12.1米，悬于屋檐之上，可见是一座体量较大的楼厅堂。

整座楼厅的木构架件选用上等杉木制作，扁作梁架、柱子、阁栅、栏杆、挂落、门窗等均以榫卯吻接，并加以精心雕饰，极富江南特色。屋顶按厅堂屋面法则铺设，走水档、盖瓦垄垂直均匀。五山屏风墙高出屋面处砖砌泛水一路与护条相配，确保沿墙屋面不渗漏。五山屏风墙上部为回纹头甘蔗脊，简洁耐看。

楼厅南的天井满铺金山石板，加以花木点缀。天井中央置一块浮雕大理石，中间是一幅荷花图，一片飘逸的大型莲叶，在晨风的

爱莲堂屋面上的五山屏风亦称五叠式马头墙和筑脊

走马楼主楼和东侧楼

走马楼天井中央石雕

气势轩昂、雕刻精细的爱莲堂——走马楼

吹拂下舒展摇曳，一朵高雅洁白的荷花傲然绽放，超凡脱俗，生机盎然，与北侧堂楼“爱莲”的主题合拍；四周角内雕4只蝙蝠，喻蝙蝠庆寿，福寿双全；外沿饰以回纹，寓古老长寿之意。

楼厅是苏州城里最精致的走马楼之一，这是许宅别致之处的第三个特色。一般走马楼的布局是在两楼之间两侧用廊（或厢房）相连，组合成一个封闭式的四合院落。而许宅的走马楼是在堂楼与大厅前用两段走廊围合成的四合院落，并在正厅（福祉堂）北加设走廊相连，使前后楼厅与走马回廊既分又合，互不干扰，又互相连接。这样的布局在使用效果上比其他形式的走马楼胜出一筹，更加实用。走马楼廊宽2.36米，既是走廊，又可摆设茶座休闲小坐。楼层向

走马楼精美的雕饰

走马楼雕饰——挂柱

走马楼雕饰——挂锤

走马楼栏杆雕饰

走马楼回廊栏杆裙板雕刻细部测绘图

走马楼“聚宝盆”雕饰

天井内悬挑出0.78米，形成廊外有廊，其构造可谓独特。

走马楼最精彩的华章还是在雕刻上。踏进走马楼天井，呈现在眼帘的有32扇海棠菱角式落地长窗，36扇海棠菱角式短窗，门窗上方都配有同样式样的和合窗。12根廊柱、12段栏杆、12段裙板、12只花篮垂柱，数不胜数的雕锤、立柱、梁枋和裙板的木雕工艺繁复精细，美轮美奂。有的雕成聚宝盆，有的雕成松鼠葡萄、葫芦寿桃、元宝金钱，有的雕成仙鹤蝙蝠、鸟雀鸣柳、鸳鸯戏水，还有无数精美的梅兰竹菊、四季花卉、蔓藤花纹等，图案细腻生动，惟妙惟肖。走马楼回廊里也是无处不雕。甚至是二楼悬挑阳台的挂落，也由20余块雕花板组成“百花朝凤”，其娴熟的雕工、优美的线条、灵动的画面，让人眼前为之一亮。

走马楼“仙鹤蝙蝠”雕饰

走马楼北裙板“鸳鸯戏水”雕饰

走马楼北裙板“鸟雀鸣柳”雕饰

走马楼南走廊两侧分别有长方形的边门，分别通向东西两侧备弄。砖细门景，东门景上方为砖额“曲径”，西门景上方为砖额“通幽”。

走马楼底层东回廊及砖细门景，额题“曲径”

走马楼底层西回廊及砖细门景，额题“通幽”

走马楼底层东回廊

走马楼底层西回廊

爱莲堂内景

谢孝思题写的“爱莲堂”匾额

阴文雕刻王思珩书写的宋代周敦颐的千古美文《爱莲说》

樂天不外知足

修己自能及人

楹联“乐天不外知足，修己自能及人”

大厅北面紧贴荷花池。也许因为紧靠荷花池，大厅被称为“爱莲堂”。厅内悬匾一块，额题“爱莲堂”三个大字，由谢孝思96岁时手书。匾额下的木雕屏门，采用阴文雕刻王思珩书写的宋代周敦颐的千古美文《爱莲说》。大幅的雕刻，端庄肃然，孔武有力，与“出淤泥而不染，濯清涟而不妖”的主题十分般配。

厅内放置一堂大理石嵌面的红木家具，正中屏前安放一张湘妃榻，上置小几。大厅两侧排列红木圈椅和茶几，中间放置矮脚红木雕花桌，侧墙上置挂红木大理石挂屏。

厅内两侧设有边门，砖细门景，左门景上方题额为“仰韩”，右门景上方题额为“景范”。韩愈和范仲淹，都是古代著名文学家，跻身“唐宋八大家”之列。仰韩景范、尊崇先贤、习教名言、自省其身，表达了主人尊礼重教的高尚情怀，亦使厅堂里充溢着浓郁的书香气息。

厅内两侧边门砖细门景题额分别为“仰韩”、“景范”

爱莲堂室内家具布置

楼上被辟为多功能会客厅。客厅正中设一张大圆桌及全套的红木椅，在高朋满座，品茗用餐的同时，还可以临窗面对荷花池北的古戏台，尽赏昆曲和苏州评弹的高雅。

爱莲堂
二楼灯饰

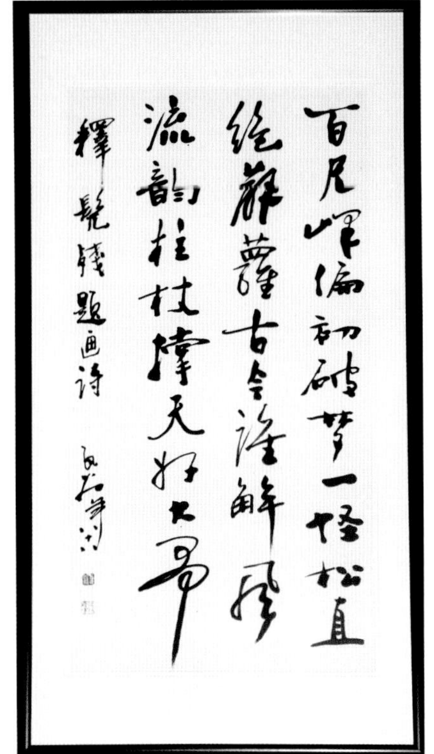

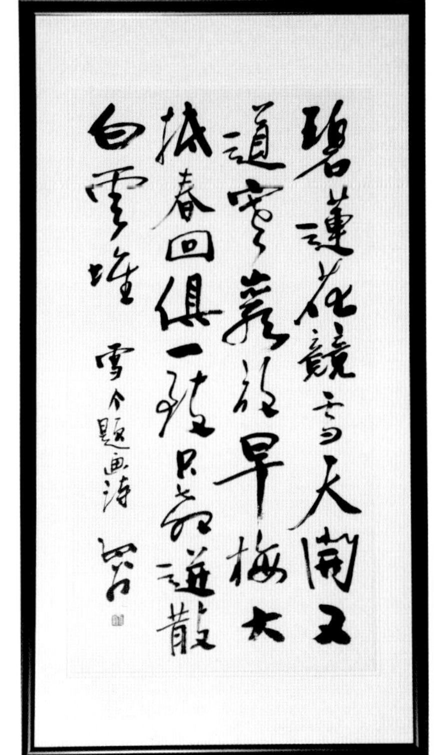

爱莲堂二楼悬挂
瓦翁书写的字幅

爱莲堂二楼家具摆设

爱莲堂楼厅装饰

爱莲堂与戏台之间挖有一汪水池，池底还开凿了一口深井，以清洁之水源，使得活水清莹。因屋后无园，雕花楼中的主景就仅为这一池碧水。小半亩水面却开阔，聚而不散。池面呈方形，如诗所云“一水方涵碧”。池岸围以嶙峋湖石，曲折起伏，错落有致。池畔花木疏朗，藤蔓交缠，青苔屐痕散布。每逢夏季，一泓碧波，半池莲荷，莲叶茂密翠绿，荷花绰约婷婷，池水在莲叶间汩汩流淌，锦鳞摆尾嬉游其间宛如诗画，恰如《江南·汉乐府》中的描述：“江南可采莲，莲叶何田田。鱼戏莲叶间。鱼戏莲叶东，鱼戏莲叶西。鱼戏莲叶南，鱼戏莲叶北。”

风乍起时，吹皱一池绿水，楼阁摇曳，山石游移，曲廊飘逸。孔子曰：“智者乐水，仁者乐山。智者动，仁者静。智者乐，仁者寿。”悠然古意，春风秋月，闲庭信步，别有情趣。

六面浮雕佛像

池内点缀石幢一座，六角形幢身六面浮雕佛像，造型古朴，倒影

爱莲堂北荷花池内石幢

爱莲堂北荷花池半亭——听香亭

荷花池
及单面廊

听香亭美人靠

静涵水中，红鱼、碧荷与石幢的色彩之美交相辉映，是一座颇具观赏价值的园林建筑小品。

池西岸贴水面建造单面廊，贴水相连，逶迤起伏。廊宽1.2米。廊中设尖顶半亭，题名“听香亭”，依水而筑，与水池相映成趣。半亭玲珑小巧，秀丽隽美，飞檐翘角，戗脊柔婉，飘洒流畅，高洁古雅。在亭内可观景，可听戏，又可闻荷香。廊壁上镶嵌书条石20方，笔势纵横，刚柔兼具。池东侧有楼廊与之相通。楼廊宽2.2米，比走马楼更靠近戏台，在楼廊内听戏会更感到享受。

由于爱莲堂北为池塘，雕花楼东侧的备弄到此也豁然开朗，变成了开放式的走廊。而且为了方便二楼的前后行走，东侧备弄成了二层楼廊。这也是许宅的第四个

荷花池东测二层楼廊

荷花池东侧走廊和楼廊

特色。走廊的东侧为与邻居分隔的实墙，墙上每跨都添设了或圆或八角形的榉木冰纹嵌玻璃花窗，有翠竹、菊花、牡丹和梅花等图案，而且绝无雷同。由花窗本身构成的框景犹如一幅立体画，小中见大，引人入胜。整个东楼廊造型精致，气派非凡。

西侧的单面廊选用了红木制作栏杆。依栏观赏池中游鱼，凭栏而坐品茗、听戏，均不影响楼道的通行。

6. 第五进　古戏台

许宅别致的第五个特色，是有一座气势恢宏、精美绝伦的古戏台临池而筑，与走马楼南北相对，前后呼应。戏台分为上下两层，典雅的水上戏台呈长方形，卷棚歇山顶，飞檐翘角，临水一面和东西两侧围以吴王靠。戏台6米见方，总高10.67米，超过正厅高度，两厢各宽5.6米。戏台檐下7朵牌科（即斗拱），承屋面负重。牌科凤头微昂，垫拱板雕刻精细；两根莲花柱在斗盘枋处垂下，立柱处戗角稳固翘起；双

古戏台上“双狮戏珠”雕饰

普天同慶
日月星辰耀天地

古戏台夜景

古戏台顶部半球形穹窿藻井，又称鸡罩顶

狮戏珠雕饰在戗角下，俯视着全园景色。台上演员演戏，唱、念、做、表，水中倒影摇曳，相映成趣。

古戏台也是一座精美的“雕花台”。其顶部正中由银杏木饰块组合成的半球形穹窿藻井，又称鸡罩顶，既精致巧妙，华丽端庄，又具有良好的聚声吸音的音响效果。藻井最下层为方井，方井四角以贴雕的手法雕了4只金蝙蝠，以托起圆井。圆井内由324块从大到小的银杏木角蝉层层叠压组合为巧妙精致的螺旋形波纹。圆井最上为盖板，称明镜。整个藻井以红漆作底，贴金点缀。这种特殊的装饰烘托和象征了天宇般的崇高，合乎中国古代“天圆地方”的宇宙观，也有一种对比非常强烈的装饰效果。

戏台后屏，以瓶、牡丹、回纹作边饰，正中为巨幅国画，取唐代吴道子《八十七神仙卷》人物，帝君形象端庄，仙女轻盈秀丽。用此画为背景，正是想表达中国古人刻意追求的天人合一、返璞归真的审美境界。屏风两侧各置6扇木雕画屏门，绘以花木鸟雀，活泼多趣，栩栩如生，灵动之气跃然屏上，更有“野岭崇岩上，苍枝竹荷间。鸟雀翻飞嬉，远去尘嚣喧”的意境。戏台正

边门题额分别为“入相”、“出将”

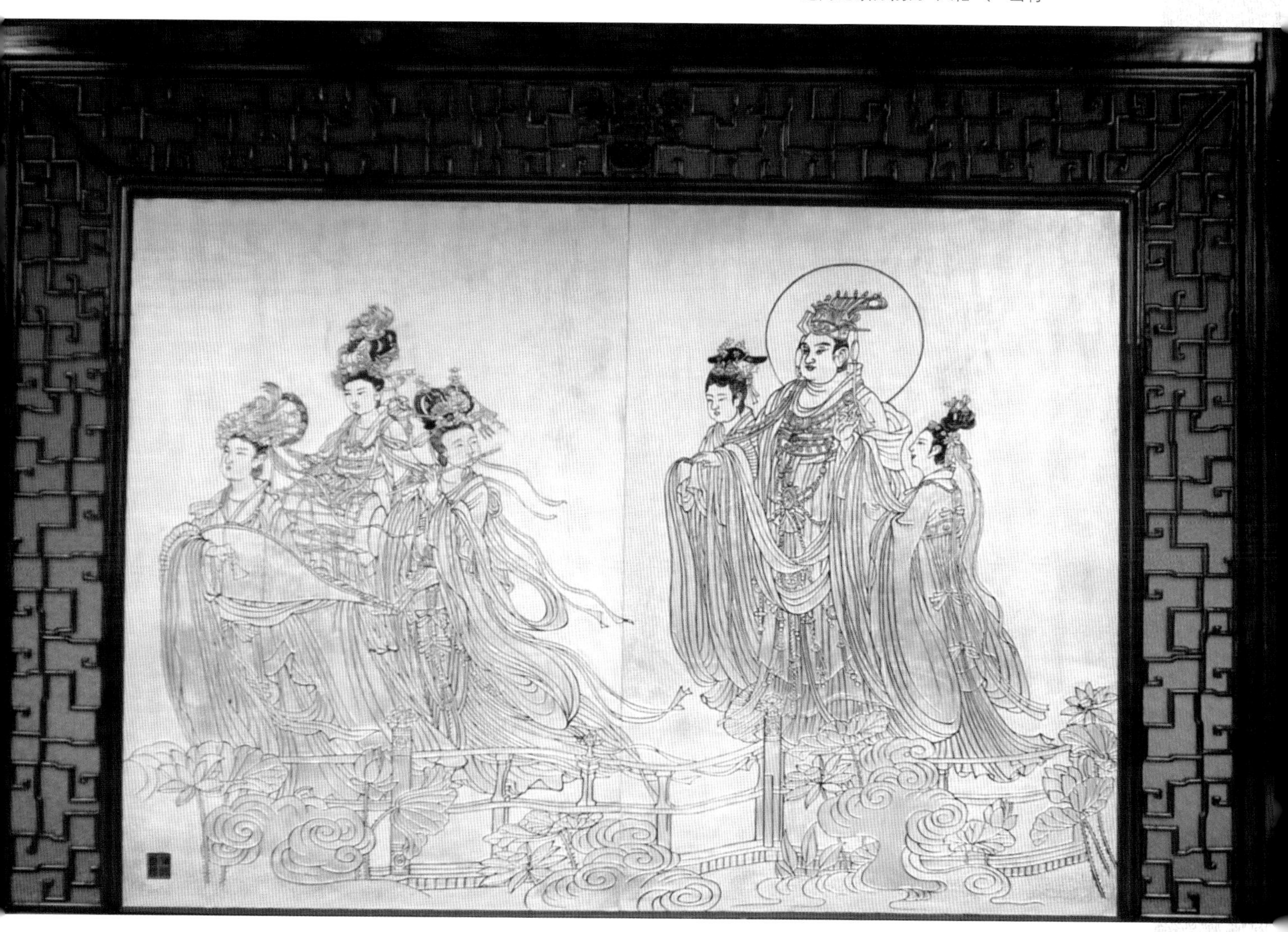

戏台后屏饰以巨幅国画——唐代吴道子《八十七神仙卷》人物

戏台外雕饰及“普天同庆”匾额

古戏台两柱对联“日月星辰耀天地，生旦净末警人伦”

古戏台内昆曲《牡丹亭》雕饰

中悬一匾，额题“普天同庆”，金底黑字，寓意为和平盛世，万民颂扬。两侧边门月梁上题额分别为“入相”和“出将”，与梨园戏曲风情的主题相合。正中两柱镌一幅对联，“日月星辰耀天地，生旦净末警人伦”。日月星辰为“三光”，照遍天地人伦；生旦净末是传统戏剧的各类角色，演尽人间沧桑，寓意演戏如做人，富含哲理。

戏台的木雕精美繁复，前额枋上精雕“双龙戏珠”、“凤穿牡丹”，喻荣华富贵；垫拱板间透雕“蝙蝠庆寿”、“花开富贵”；垂柱装饰以“关张”二将雕板。戏台内外梁枋分别雕刻全本昆剧《牡丹亭》和《长生殿》。两部立体的戏文长卷耐人寻味，展示了非物质文化遗产的巨大魅力。柱端的狮头和檐下的垂莲柱相映成趣。

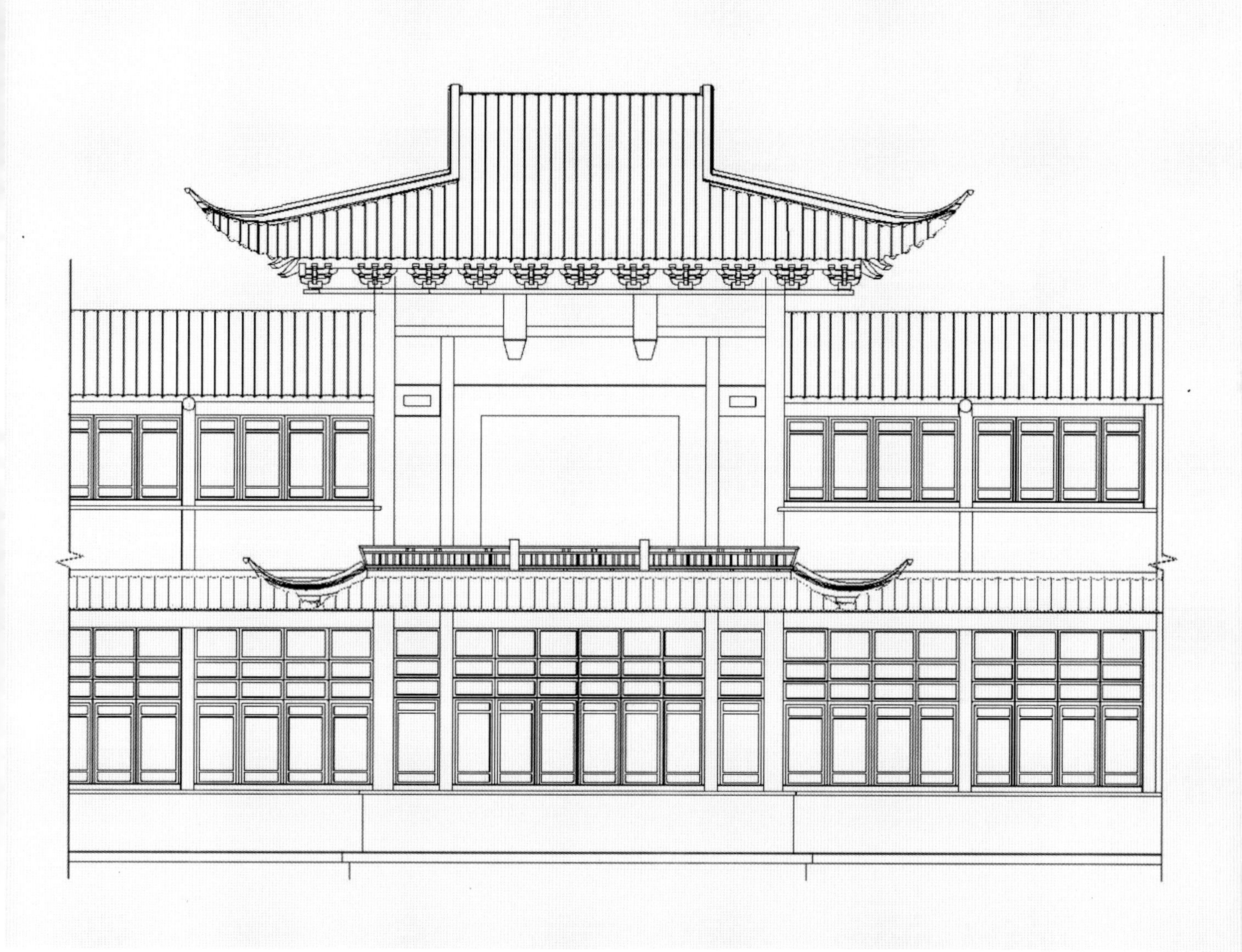

古戏台南立面测绘图

古戏台外雕饰昆曲《长生殿》

古戏台下轩梁上《西厢记》雕饰线描图

底层正中为4米见方的方形餐厅，立4根楠木方柱，柱间4幅“松竹梅”透雕飞罩。平顶正中雕两只凤凰，以及牡丹、蝙蝠、“寿”字等。房顶梁枋雕刻更为精美，配以细巧宫灯，使厅内显得古朴雅致，雍容华贵。边间侧柱的梁头棹木饰有梅兰竹菊等图案，立体镂刻，雕工精细。厅内轩梁以“松鹤延年”、“喜鹊登梅”，以及昆剧《西厢记》等戏文故事雕饰。无处不雕，雕无不细，整个内厅的木雕细刻令人叹为观止。内厅北墙置雕花漏窗，上方所悬匾额“和合盛世”、两旁所挂对联“竹阴飞翠雨，花气结晴云”，均为费新我题写。透过漏窗，假山、石笋高低错落，几丛瘦竹凭微风摇曳，宛如一幅绝美图画，给人以凝练、洒脱之感。

古戏台底下费新我左笔手书匾额“和合盛世”及对联“竹阴飞翠雨，花气结晴云”

古戏台下餐厅

古戏台底层樟木抱樑云雕刻的“梅兰竹菊”图案

古戏台下厅雕刻、装饰和家具布置

古戏台后走廊

此时，让我们将思绪弥漫开来。天色初晚，隔着一池荷花，古戏台水中倒影摇曳。曲笛幽咽，丝弦婉转，仿佛从天边飘来丝丝昆曲清音："袅晴丝，吹来闲庭院，摇漾春如线。停半晌整花钿，没揣菱花偷人半面。"在一片空旷的寂寥中，怀想当年，愁绪微茫。弹丝弄板是否依旧婉转，水袖莲步是否依然婀娜，我们是否读懂了暗里缱绻，仅有期盼，却无从想象。

古戏台侧边屏门

古戏台后小园内假山

民企接手修葺

MINQI JIESHOU XIUQI

1. 私企老总出资接手

2000年5月，因为继电器老化引起一场大火，许宅的三分之二被焚毁。大火之后，山塘房管所的领导曾经有过设想，要把这座古宅按照原来的模样恢复，但是苦于没有那么多的资金。好在当时市政府对私人购买、维修古宅在政策上给予了很大程度的友待，已经开始试行发挥社会力量的积极性，让民间资金来购买、修复古宅的政策。于是山塘房管所想到了同在山塘街上的周炳中先生。因为周先生从小深受苏州园林文化的熏陶，平时对古建筑以及古董、古玩也有着浓厚的兴趣，关键是他资金实力比较雄厚，并且周先生也有个人出资修复的打算。

由他出资购买、修复许宅的方案正符合苏州市、金阊区提出的“杭州看西湖，苏州看山塘”的准备成规模开发山塘历史街区的思路，因此方案得到了金阊区委、区政府的大力支持。2001年7月，周先生拿出100万元买下了占地约2亩、被

大火焚毁前
走马楼局部

大火焚毁的许宅。

2. 求师确定修复方案

之后，周先生组织班子着手许宅的重建、修葺、恢复工作。他深知造园师和主人的思路、意图、修养在修复工作中的重要作用，于是广泛征求文学家、园艺专家、古建专家们的意见，在他们的指导帮助下深入探讨，制定修复方案。经过精心设计和专家的反复论证，周先生和他的修复班子确立了总的修复原则，即在保留建筑原貌的基础上改进设计，对建筑的文化内涵进一步深化和拓展，合理纳入新的文化要素；同时强调不改变文物原状，本着“修旧如旧”的原则，进行恢复性重建和修缮，按原形制、原尺寸、原材料、原工艺、原状进行复原，使修复后的建筑再现历史原貌，显示出一定的历史真实性。整个宅子的修复过程严格按照姚承祖的古建筑建造经典《营造法原》中的工艺标准，广招优秀古建工匠进行精心施工，确保许宅修复后既保留传统的建筑风格，又有新的创意。

3. 觅匠选材巧夺天工

工匠和施工人员在修复工程中的作用也不可低估。主人的情操、品位、气质、底蕴以及艺术构思、总体思路都要通过工匠和施工人员的技艺、手法予以展现。修复古宅是一项精细的工程，每一个环节都来不得半点疏忽，因此所挑选的工匠和施工人员必须具有拿手、出众的技艺，这一点至关重要。周先生在这个方面煞费苦心，细细寻觅。

恢复门楼上破损的砖雕，最难的要数请到有娴熟、独到工艺的砖雕师傅。为此，周先生整整花了一年半的时间进行寻访，才探听到苏州香山有一位老艺人砖雕技艺古朴、精湛，好不容易才把老艺人请到修复工地。

要再现雕花楼的历史原貌，满堂的木雕必须要请到雕刻大师来操刀才能实

修复雕花楼时，砖雕老艺人雕刻场景

现。周先生又寻寻觅觅，终于在浙江的东阳寻访到被誉为10位雕刻大师之一的周师傅。这位周师傅10多岁就学艺，18岁曾到浙江美院进修，艺术素养较高，能画能雕，是个难得的能人。木雕的工作交给了这位最好的木雕艺人，由他将昆曲古戏文镌刻在楼内。现在大厅梁上做工精良的木雕花篮等，都是浙江东阳周师傅的杰作。

当然，修复工作中，看似不起眼的木作、水作，却也是粗中有细的活儿，若做得不好，稍有些差错也会使整个修复工程功亏一篑，因此一点也不能含糊。修复工程中招用的木工、泥瓦工和石匠，都挑选了苏州枫桥一带有名望的师傅来担当。

许宅与苏州众多的古宅一样，主要构架材料及装修材料用的都是木材，尤其以杉木为主。为了做到完美、精湛，周先生在材料使用

修复过程中的雕花楼

上不计代价，从优选材。木构架根据原状和《营造法原》的要求，主要用材选择了杉木、红松。木装修选用了榉木、银杏、香樟、菠萝格及花梨等木料。在施工时又请师傅们留心木料的节疵和木病位置，细心捉摸以后再避开瑕疵下料。为了显现木雕的细腻质感，窗棂雕花构件全部采用了银杏、香樟、金丝楠木等木材。为了增加修复后房屋的耐久性，经常经风露雨的栏杆选用了紫檀木。为了牢固和美观，走马楼的天井栏杆全部使用了红木。这些建筑、装饰、雕花的木材大多都是到木材产地仔细挑选才选购到的。

水作材料亦是选用苏州古色古香、原汁原味的本土材料。门楼、墙裙、地面、抛方、垛头、门景等处使用的清水方砖，都选用来自苏州陆慕御窑产的磨细方砖。屋面则全部使用青灰色小青瓦。原来的两个门楼砖雕破损严重，为了求得相同的质感、效果，对修补门楼砖雕的砖材是费尽心血，寻觅到了11块清朝时期陆慕御窑烧制的金砖，并按照古典的内容、技法来加以修复。

油漆不仅仅是一种装饰，其更重要的作用在于对建筑木材的保护。为了防腐、防蚁蛀，修复过程中的油漆全部采用原始生漆，并专门从常熟请来油漆师傅采用传统的擦漆工艺，反复进行擦涂。厅内每根柱子都按照古建营造法施工，以生漆夏布包裹，再涂以瓦灰，然后再上漆，工艺十分考究，仅生漆就用去了近4吨。在修复工程的过程中致力于每一个细节的完美。

修复以后厅堂内的装饰也十分讲究，布设家具、瓷器、字画等室内设备时，本着符合古典文化、传统艺术的标准，精心选购，精心布置。

4. 原汁原味修复主体

第一、二进的门厅和轿厅，在那把大火中没有遭到损坏，仍然是老屋，因此在修复过程中没有拆动，只作了一些精心的修补和加固，粉刷油漆见新。

第三进花厅、第四进主厅虽属重建，但仍保留着江南明清建筑风格。重建的被大火焚毁的正厅和走马楼，完全按照古建筑工艺的典籍《营造法原》进行施工，木构架都选用上等杉木制作，所有的扁作梁架、柱子、搁栅、栏杆、挂落、扇、门窗等数百件木构件都以榫卯吻接，完全不用铁钉，并精心加以雕饰。修旧如旧的工艺更加重了吴文化的韵味。

第四进是苏城内最精致的走马楼爱莲堂。一般走马楼的布局，是在两楼厅之间两侧用廊或者用厢相连，组合成一个四合院，而许宅的走马楼则是在厅前用三段廊围合成四合院，并同正厅福祉堂用厢房进行相接，使前后楼厅与走马回廊既分又合，互不干扰，又互相连，在布局上比苏州其他的走马楼都要胜出一筹。走马楼廊宽达2.36米，既是走廊，又可摆茶座休憩。楼层还向天井内悬挑出0.78米，廊外有廊，构造非常独特。重建的备弄两侧门楣上的题词，还是沿用原先主人所取的中药名：蜂巢、燕窝。

在苏州现存的古建筑中，共有3座更楼，可是被焚毁的这座更楼却是苏州古城中最高的一座，因此修复这座更楼的意义更为重大。修复更楼的难度在于要找寻到合适的木材。由于更楼很高，需要13

民营企业家修复后的爱莲堂北立面——荷花池和听香亭

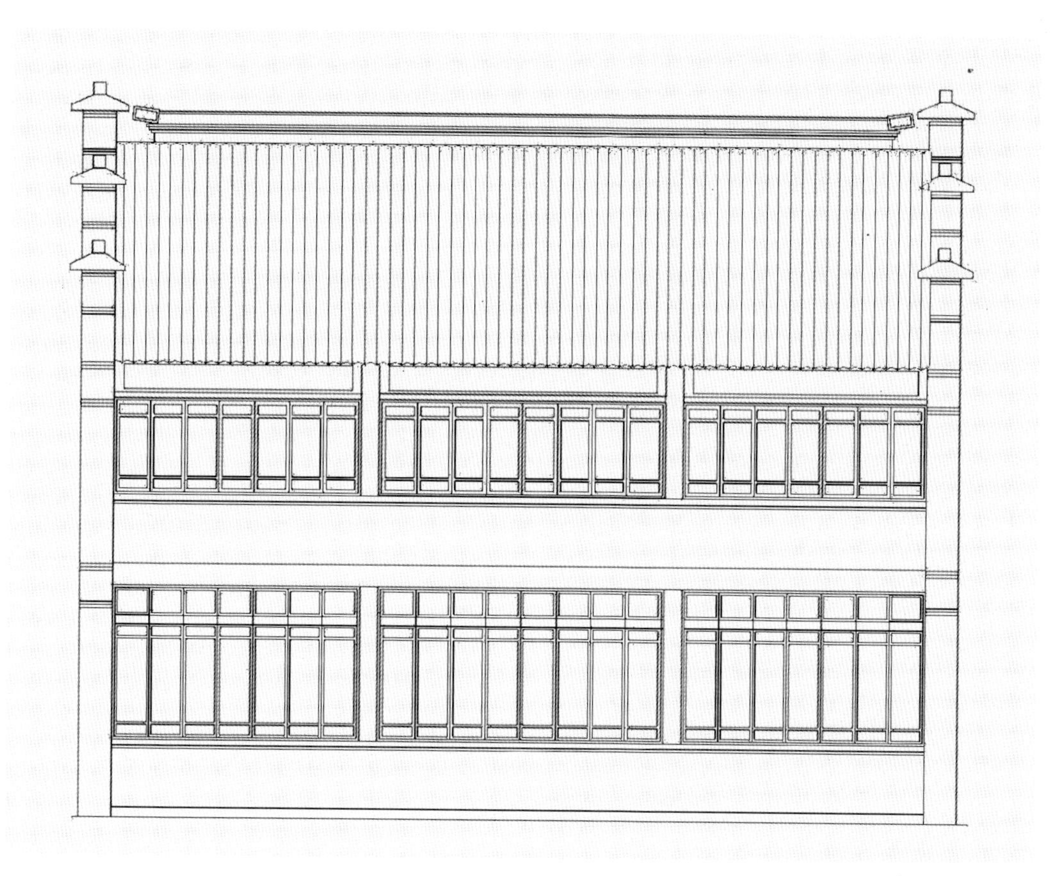

爱莲堂焚毁前北立面测绘图

米以上的杉木做柱子，为此只能到深山老林选购材料。

复建的4层12米高的更楼位于西备弄靠正厅的位置。高高耸立的更楼又以它的原貌出现在苏城的上空。现在我们登上更楼又可遥望虎丘，平眺姑苏景色，从中依稀可以体会到前人生活的一些缩影。

5. 挖池筑楼重建戏台

按照苏州解放初期市房管部门测绘的《房屋平面图》，我们可以看出，许宅第五进为三间附房亦即库房，五进后则为花园。如何使它和三、四进厅堂相协调？为此，修复班子邀请了部分苏州古建专家对此进行商议。许宅东侧原是申时行后裔的住宅，据说当时有一座古戏台，可惜广济路拓宽，已经无法再在申宅内复建；如果在一墙之隔的许宅内复建，倒是一个比较合适的方案，同时也可以使许宅第五进与第三、四进建筑风格相一致。经过反复论证，第五进基本上按专家们的意见，改建为二层戏台，而且打破了历来戏台坐南朝北的建制、观戏者朝南为尊的习俗；复建的戏台坐北朝南。戏台的面积达到36平方米。考虑到气候、冷暖对演出的影响，戏台一半是露天的，一半含在屋里。戏台的独特性还不在此，而是和茶楼的布局有关系。戏台和茶楼虽彼此独立，但因巧妙地利用了水池、楼台，建成的戏台与走马楼隔池相望，身处走马楼上，向下俯视可以赏莲，向前观望可以看戏。在这小小的空间里，一泓池水终年清澈，任凭鱼群摆尾戏游，随由莲荷吐香争艳，人们可以把自然美和艺术美尽收眼底。

苏州的古戏台保留下来的不少，而像山塘雕花楼这种格局的难觅其二。

移建古戏台

山塘雕花楼正门

6. 浓笔重彩精雕细刻

苏州旧民居在建造时，非常重视以石、砖、木三种材质为主的雕刻。而昆曲和园林又是苏州最有影响的艺术，在雕花楼修复工程中为实现昆曲与园林艺术的结合，选择了昆曲中一些著名的曲牌作为雕刻内容，包括《牡丹亭》、《长生殿》、《西厢记》、《楼台会》、《白蛇传》等。新落成的雕花楼中昆曲占全部雕刻内容的百分之六十。这些雕刻内容不仅丰富了雕花楼本身的文化内涵，而且极大地提升了雕花楼的文化品位。

除此之外，修复工程中对原有苏派雕花内容进行了恢复重雕。尽管这些珍贵的雕花内容百分之八十已在大火中化为灰烬，但通过走访熟悉许宅的老人，回忆起了当初老宅雕刻的情形。这使得带有鲜明苏州民俗特点的，包括明露、暗含的“八仙过海”、“庆寿”、“福、禄、寿、喜、财”，以及民间故事《秋翁遇仙记》、《李白爱诗》、《王羲之爱鹅》、《桃园三结义》、《三分定天下》等雕刻又重现在雕花楼的大梁和轩梁门窗上。修复后的雕花楼共有450多件雕花板块，组成了1,200多幅图案；更为可贵的是，既没有一幅重复，也没有半点累赘。从雕刻手法来看，有整体雕、浮雕、镂空雕和印雕四大手法。

戏台后花园

在修复后的整个宅子里里外外、上上下下，砖雕、木雕、石雕随处可见。走进山塘雕花楼，所见不单是一座建筑，而且是一部不可多得的艺术作品。

纵观修复后的古宅的前庭后院、上楼下厅，称“雕花楼”，实在名副其实，毫不夸张。2002年5、6月间，年届98岁高龄的苏州著名文学家谢孝思先生和78岁高龄的古建筑专家罗哲文先生先后来到山塘雕花楼的工地，对雕花楼的修复设计、施工工艺十分赞赏，认为山塘雕花楼汇聚了许多文化的精华，完全可以和东山雕花大楼相媲美，因此分别欣然题字：“山塘雕花楼”。古建专家罗哲文先生所题的大字，被镶嵌在许宅大门的门楣上方，为古宅增添光彩。通过山塘雕花楼，我们看到了当今蒯祥们鬼斧神工的魅力，领略到了苏州古宅的秀美、典雅和精巧，更为古宅的保护、修复以及对古宅内涵的挖掘感到欣慰。

二建再续新篇

ERJIAN ZAIXU XINPIAN

肆

周先生虽然已经将许宅修复了很多，但是记载中的东花园和后花园早就没有了影踪。只有宅子没有花园，当然还算不上是真正的苏式庭院。所以他准备追加投资，买下许宅东边3,800平方米的菜场，其中还包括一座用作仓库的“雕花厅”，扩建东花园，恢复后花园。但是因为种种原因，周先生无力再修许宅。2009年7月13日，许宅进行拍卖，由苏州二建建筑集团有限公司出资2,900万元接手，雕花楼再易其主。

“二建”购得许宅后，非常体谅周先生不能将修葺工程继续下去的遗憾，同时领导层迅速作出了决策：首先是对这座建筑加强保护，同时要很好地发挥它的使用功能；其次将进一步对其完善；三是对一些局部采取修复改善措施，并在确定维修、完善方案时定下了“保护文物、修旧如旧，增添功能、格局一体，完善部分、风貌一致”的基调。

经过仔细的勘查，根据控保建筑的保护规定，同时结合许宅使用功能的基本要求，“二建”制定了完善、充实、修缮、养护的保护方案。在方案经论证确定后，“二建”抽调了技术骨干组成工程组。2010年7月25日，工程组进入雕花楼，8月正式开始各项完善工程。

1. 南大门，加固墙体，增设门楼

沿山塘街大门的临街墙体，是采用老式砌法砌筑而成的“老墙头”，在历经岁月的沧桑，经过风吹、日晒、雨淋后，部分墙体破损、老化非常严重。而且大门只是一座相当简单的石库门，显得有些简陋。出于能在山塘街上增加一个具有苏州特色的景观，更好地体现苏州古典建筑风格的想法，“二建”决定修缮、加固沿街墙体，再把石库门改造成立面丰富的砖细门楼。

要实现这个想法，关键是制定科学合理的方案。为此邀请了多位古建筑修缮专家，并参考以往古建筑修缮的经验，对“墙门改造，墙

“二建”修缮加固南墙、增设砖雕门楼效果图

“二建”修缮后山塘雕花楼正门增设了砖雕门楼

正门砖雕门楼
左右纹头
及人物雕刻

体加固”的方案进行了深入的研究和论证，最终确定了改建方案：首先采取措施对原来破损、老化的墙体进行加固，以增强整个墙体的稳定性和它的承载能力；然后利用钢构件作为传力构件，承受新建门楼的荷载；再将荷载传递到加固后的墙体上，使砖细门楼、钢构件和墙体形成牢固可靠的一个整体。

方案确定后，为了达到“修旧如旧”保护古建筑的效果，先对墙体整体加固，凿除该部位墙体原来的粉刷层——鉴定砌筑墙体的损毁程度，对破损较多的部位进行凿除；然后在整个加固区域的内外墙面设置单层双向钢筋网片，灌注细石混凝土或高标号的水泥砂浆，以增强砌体结构的强度。

墙门做成砖细门楼的形式，采用砖雕、字碑、砖细挂落、荷花吊柱、瓦屋面、纹头屋脊等传统做法，体现了苏州地区砖雕门楼的艺术风格。墙门内外采用8号槽钢进行加固：在墙体内外面布置纵横向的槽钢，采用对拉螺栓将两面槽钢拉紧，砖墙门被牢牢地固定在槽钢之间，强度得到了很大提高。勒脚、垛头的砖细方砖固定在钢构架上，然后用细石混凝土灌注。下枋突出墙面，先在里面用砖头砌实，砖细方砖用砂浆粘贴在砖面上的同时利用不锈钢扣件进行加固。采用湿贴和干挂相结合的方法使砖细门楼更加牢固，保证了结构的耐久性。为达到仿古的效果，对砖细墙门加做了防水做旧工艺处理。

经过处理的沿街外墙增加了强度，更加彰显了粉墙黛瓦的神韵，也创新了砖雕门楼做在门内、向北的建制。用这一苏州建筑形式新增的砖细门楼，突出于粉墙，凹凸有致。门楼题额镶嵌了罗哲文先生手书“山塘雕花楼”5个大字，既保持了古建筑的风貌，又为山塘街增添了新的景色，突出了雕花楼在山塘街的地位。

砖雕门楼镶嵌了罗哲文手书的“山塘雕花楼”题额

2. 师俭堂，保持原样，修旧如旧

2000年的那场大火烧毁了许宅的三分之二，轿厅师俭堂却幸免于难，所以还是原来的摸样。可能当时的地基没有处理到位，或者因为历经了岁月的沧桑，已经不堪重负，其步柱出现了沉降、变形和歪斜，柱础和青石鼓磴下陷、下凹明显。但是为了保护古建筑，又不能轻易地对老结构采用提升、扶正步柱的方式来矫正沉降和歪斜等。工程组讨论后博采众长，定下"保持原样、加固柱础"的方案：先是不移动步柱丝毫，开挖柱础周围，以现代工艺加固基础，增加它的稳固性，保证步柱和屋架不再继续沉降；然后在一些歪斜严重的竖向结构柱上外加假柱包住，轻微歪斜的靠红木漆的绘画拉直线条，给人以视觉纠正效果；再对柱础和青石鼓磴石加以工艺处理，适当做假、做旧，让人看不出曾经做过处理。修缮后，基本达到了"保持原样、加固柱础"的初衷，恢复了师俭堂良好的状态。在修缮师俭堂步柱的同时，翻修了满堂方砖地坪和堂前金山石的天井，并放置了一对石灯笼，作为建筑小品和晚间的照明，恢复了二进轿厅良好的观赏效果。

石灯笼

“二建”修复后的俭师堂内景陈设

師
吳郡歲華紀麗
吳中四時行樂歌

3. 福祉堂，增强功能，整修天井

修复后的雕花楼，目前主要是作为接待会所，而福祉堂又是客人主要的休憩场所，一楼是会客大厅，二楼是客房，所以通讯、电视、用电、用水、排污等功能的完善都是非常必要的，厅堂的采光、通风也是一个十分重要的条件。工程组面对的难题是既要完善现代化的起居设施，又要在古建筑中不露痕迹。于是工程组将输电、信号线路，上下水管道全部做成隐蔽工程：切割墙体，切割地坪，采用先进工艺、先进技术敷设管线，保证无渗漏，然后重新整合墙体，在地面重铺方砖。墙体修复后可以做到不留痕迹，可是同在一个大厅内，新老方砖的差别实在太大，这又成为一个新的难题摆在工程组的面前。经过试验，工程组采用了对新铺的方砖做旧的工艺，很好地解决了

福祉堂工字间蟹眼天井

福祉堂葵式半窗

这个问题，而且统一对满堂方砖做了防水工艺处理，使新老方砖色泽一致，严丝合缝，易于清洁。

福祉堂的工字间有两处蟹眼天井，原来上下两层过道的两面则是墙壁和漏窗。为了更好地发挥蟹眼天井为福祉堂通风、采光的要求，把工字间两边蟹眼天井的墙壁改为半墙加半窗、和合窗的形式，葵式半窗一边6扇，葵式和合窗也是一边6扇，做工用料与福祉堂原来的构件保持一致，做到浑然天成。光线透过半窗，透过挂落，使福祉堂白天的采光和顺均匀，整个气场更为通透。

天井是主人和宾客的信步之处。重建福祉堂时，天井里的处理略有些疏漏，一对老井都有淤泥，而且有一眼已经淤塞而被填埋了。工程组先是清淤，再把被填掉的井挖去填土，按照原来的形制，选用相同的清水砖，重新还原。清清的井水重回古井，左右逢源的寓意亦有了继续。饱经风霜的井栏圈，部分已有风化。为了美观，

天井内的金桂、玉兰树

为了保证修旧如旧，维修人员把井栏圈适度旋转，让风化的部分转向不显眼的角落，相对好一点的一面朝向外面。这样虽然古井圈是原物，却取得了新的观赏效果。

天井里为金桂、玉兰两棵树做的花坛，原来都是正方形的。随着两棵树的生长，发达的根系把花坛撑开了。在修缮过程中，转换思路，重找石材，将它们改成八角形的，整个花坛的面积没有变，但是大树的根系与花坛边的距离却均匀舒展了。工程组趁势整理重铺了天井的石板，和师俭堂一样也放置了一对石灯笼。整理后的天井更细致，更有情趣。

4. 爱莲堂，打开北墙，新添平台

闲坐爱莲堂，不论在楼上还是在楼下，均可向北观看戏台上的演出。美中不足的是，当时设计中，也许觉得爱莲堂的北面紧连着莲池，没有走道连接，于是将北侧做成了封闭式的，楼上楼下一样的格局，都是半墙加3宕半窗，共24扇半窗。这样的处理，有两个缺憾：一个缺憾是看戏台上的演出时，只能凭窗相望，由于有半墙阻挡视线，唯有依窗之处方可有较好的视觉效果。另一个缺憾是，要从爱莲堂到池塘，必须从边上的廊中出行。如何让爱莲堂和莲池、戏台有更加紧密的呼应，连成一个整体？工程组按照“打开北墙，加设亲水平台”的方案进行完善。

“二建”改建的山塘雕花楼爱莲堂北立面及亲水平台

盆景

爱莲堂的楼上，将北侧的半墙全部拆除，略为缩进的地方，将3宕半窗改为3宕可移动的推移式长窗。24扇长窗用花梨木制成，花纹、式样和原来半窗的相一致，采用海棠菱角式，油漆的色调也与原窗完全一致。长窗外侧加一简廊，加一葵式万川围栏，也用花梨木制作，与原来的用料完全一致。

爱莲堂的楼下，将北侧的半墙拆除中间一宕，将8扇半窗改成8扇海棠菱角式长窗。稍微借用一点水面，在爱莲堂的楼下北侧，设计增加了一座园林中常用的亲水平台。在现在的技术条件下建造一座亲水平台不是难事，难的是寻觅和收集到足够的、那种略带温润淡红的金山花岗石料。

爱莲堂通向南天井的上下两层过道，在两侧进口处各增加了4扇落地长窗，增加了爱莲堂的封闭性，便于使用空调。

经过改善结构的爱莲堂北侧，就像一盘围棋一样，有了气，满盘皆活了。爱莲堂和古戏台、莲池互相呼应，连成一体。楼上推开移

亲水平台上布置的石台石凳

爱莲堂海棠凌角式落地长窗

窗，视线大开，在任何一个角度，满座高朋皆能看到古戏台，可倚栏细品精彩演出。简廊也可让来宾踏出楼堂观赏戏台的演出。楼下亲水平台上可观戏，可赏鱼，而且有了亲水平台，把爱莲堂和池塘两边的走廊贯通了。

荷花池塘西侧走廊

5. 莲花池，清淤止渗，重理水塘

雕花楼因为有了池塘，把水引入了人家，使得这座建筑灵动起来。但是重建、修复后才过了近10年的时间，就发现池水有些异味，开始时还以为可能是池塘积淤而引起的。但是在抽水机抽干池水后发现，还有一个更大的原因——西侧山塘人家的下水道有渗漏，东侧菜场的脏水也在无时不刻地渗进池塘，所以池水有异味在所难免。工程组找到了问题的症结，便可对症下药了：西侧山塘人家的下水道全部更换，且接口处做好防渗漏处理，不再使污水渗出；绕着东侧池边剖开贴水走廊，挖地数尺，采用水泥压密注浆的工艺，沿着池边的贴水走廊筑成一道坚固的防线，再也无虑菜场脏水会入侵。既然已经抽干了池塘，便借机清除了多年的淤泥和脏污，整个池塘恢复了昔日的清冽。

池鱼戏水

池边小品

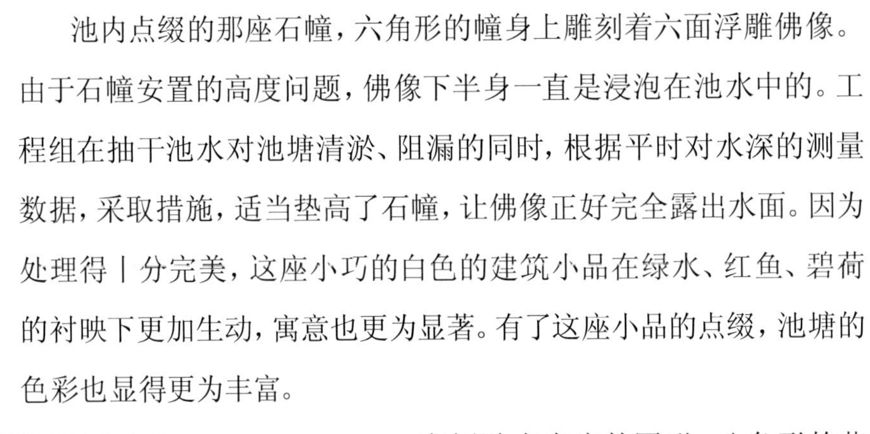

池内点缀的那座石幢，六角形的幢身上雕刻着六面浮雕佛像。由于石幢安置的高度问题，佛像下半身一直是浸泡在池水中的。工程组在抽干池水对池塘清淤、阻漏的同时，根据平时对水深的测量数据，采取措施，适当垫高了石幢，让佛像正好完全露出水面。因为处理得十分完美，这座小巧的白色的建筑小品在绿水、红鱼、碧荷的衬映下更加生动，寓意也更为显著。有了这座小品的点缀，池塘的色彩也显得更为丰富。

东侧贴水走廊的圆形、八角形的花窗全部换了苏州红木雕刻厂的苏式木雕花窗。

"二建"公司修缮山塘雕花楼时增建的雕花楼北门门楼

6. 北入口，曲径门楼，通幽入胜

雕花楼的北门出乎想象的简陋，白墙上一扇防盗门，竟然就是"赫赫有名"的雕花楼的北门。连接北门和雕花楼的也是一条十分简易的弄堂。二建的负责人和工程组的专家、技术人员研究后确定：考虑到对古建的保护，考虑到和山塘人家的联结，可借用山塘人家的停车场地，今后将北门作为雕花楼的主要出入口。但要对北门和东北角的弄堂进行整体改造，改弄堂为走廊，增建北门，且新建的部分要和原建筑的体量、结构、形制完全吻合，让北门、走廊和雕花楼的主体建筑融为一体。工程组的专家、技术人员按照这个意图，画出了施工草图，经过大家的分析、研究、修改，最终确定了修和建的具体方案。

花园小景

根据方案，在山塘人家辟出一块地做成一个门楼厅；北门做成石库门，向门外延伸一点，加一对砷石；哺鸡脊门头；整体做成苏式门楼。门楼抱柱上为一副由楚光题写的楹联：“一曲清溪筑楼存古韵，半塘繁巷倚栏观今风”。门楼厅东侧墙上，镶嵌一幅砖雕壁画，以《姑苏繁华图》为蓝本，截取其中描画山塘街风貌的一段，采用砖细浮雕的手法精心制作。门楼厅内悬挂罗哲文手书“山塘雕花楼”匾额，古色古香，相得益彰。

利用当初准备修建北花园，意在修筑连接古戏台和北花园走廊而留下的一段空间，做出一条长廊。因为空间较小，回旋余地有限，只能先向东做出一段，再利用许宅和东邻的间隔，90度折转后向北延伸。这样二曲二折的长廊连接了北门和雕花楼的主体建筑，且建筑形式和原建筑完全一致。清水砖细的汉瓶造型地穴点缀了曲廊，而沿走廊边堆砌的假山、石笋，加上几支芭蕉、一丛秀竹，花花草草，既增加了几处小景，又恰到好处地遮挡了煤气管道、空调的位置。

北门小筑引人入胜，弯弯长廊曲径通幽。走过长廊，眼前豁然开朗，莲花池、古戏台争相夺目，真可说是用活了建造苏州园林的经典手法。

7. 厨房间，增设隔断，修饰小园

古戏台下，是雕花楼的餐饮之处，既有可在戏台楼下摆设一桌的餐厅，又有北侧的厨房重地。餐厅北侧，从漏窗看进去，仅是一堵旧墙；厨房门洞敞开，一览无余。工程组采取了整修北侧小园子、厨房门前加花式隔断的方式加以改善，将小园的北墙改砌成一道带有仿花窗的高墙；小园内，借用园林制景的方式，在餐厅临窗处立几支石笋，错落有致，植几丛瘦竹，随微风摇曳，成为餐厅临窗的一幅立体画，十分雅致。厨房门做成砖细门景，上方加一砖额，题写“膳房”二

花窗小景

厨房门做成砖细门景，上方加一砖额，题写“膳房”二字

字；借用门前空间原有柱子，加宫式花纹的花式隔断、挂落，既与雕花楼的主体保持一致，又为厨房间隐蔽遮羞，增色添辉。

餐饮之处也是各种管道的密集之地，同样，通过隐蔽工程工艺的处理，对地砖做旧，再做防水处理，使“膳房”既实用又有苏式建筑的传统之美。

8. 雕花楼，装饰装修，拂尘添彩

整个雕花楼的装饰装修过程，每一处都体现了精心设计的匠心。为了能使新增的建筑材料完全无痕地融入这座盛名之下的雕花楼，因装饰装修而新添加的砖、石材和门、窗、屏风，都与原建筑的选材相一致，并由苏州的能工巧匠按照传统加以精雕细刻，连走廊里的花窗、室内的花格等装饰，都选用了酸枝木料进行细致雕刻和加工。

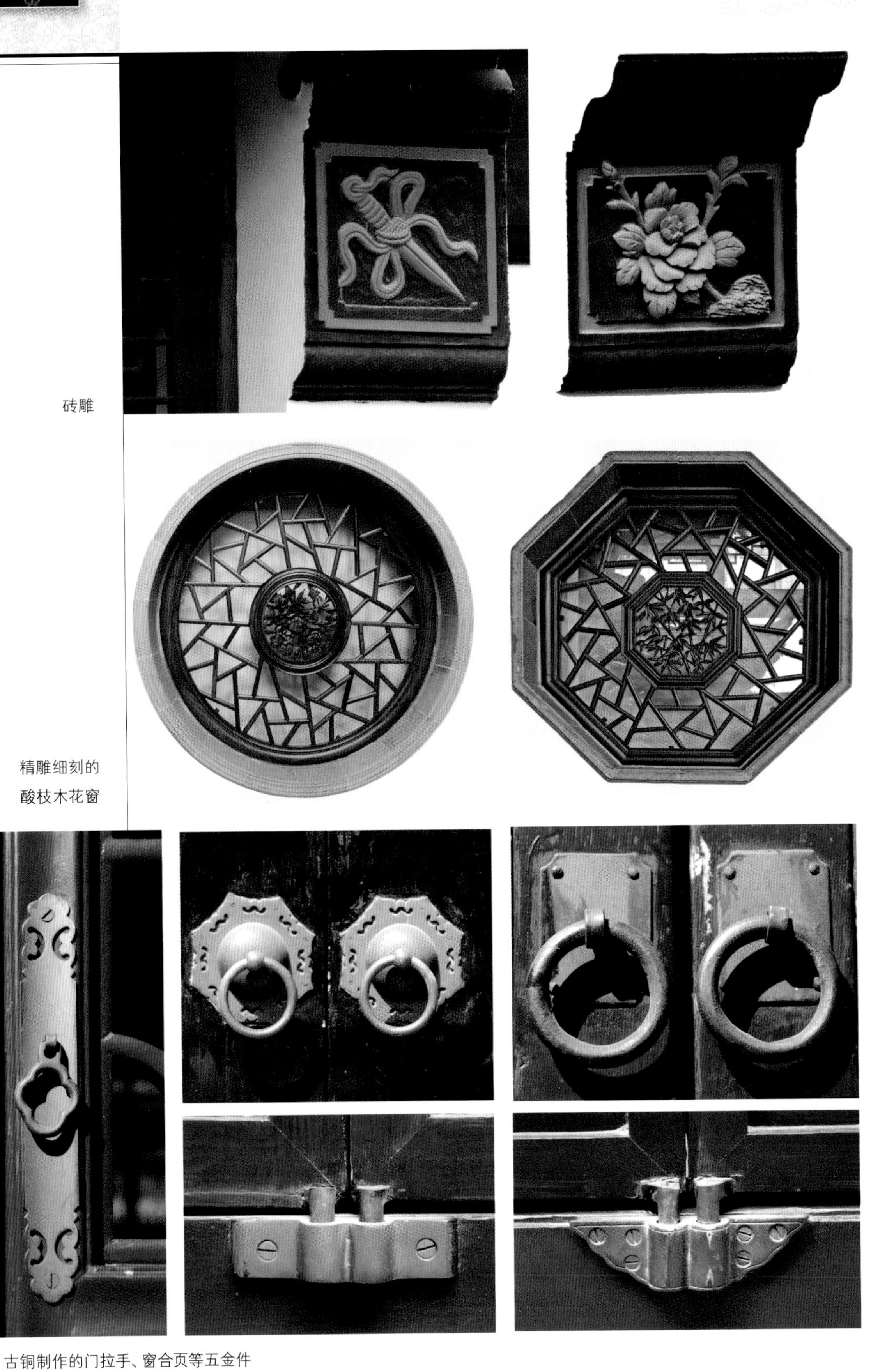

砖雕

精雕细刻的
酸枝木花窗

古铜制作的门拉手、窗合页等五金件

木柱和鼓磴之间用古铜箍包柱脚过渡

中国传统建筑都是以木柱直接连接鼓磴的，而在雕花楼的装修过程中创造性地采用了铜艺过渡的手法，木柱和鼓磴之间用古铜箍包柱脚。这样既展示了精致的传统铜艺雕刻艺术，又解决了木柱和鼓磴之间的软硬过渡的视觉冲突。另外对墙体立面也增加了古铜艺的踢脚装饰，既保护了墙脚不受污染，也收到了很好的装饰效果，而且融入了古建的雕刻群里。门拉手、窗合页等五金件也选用古铜制作，祥云缠绕的图案与雕花楼的雕刻互相统一，令人百看不厌。

由于现代人更偏向较为明亮、轻松的空间，所以在保护古建的基础上改善了古建的室内空间形态，将福祉堂、爱莲堂顶面做了局部吊顶处理。吊顶尊重古建的艺术灵魂，使原建筑的特殊花梁依然呈现在大家的视线中。为与雕花楼无处不雕刻、

雕花楼配置的名人书法

古戏台下轩梁上雕刻的花鸟图案

无处不精致的建筑特色相融合，对吊顶做了金漆描绘工艺处理。

古戏台的藻井和后屏都重贴金箔，挂柱及倒挂的狮子也都用金箔装饰一新，重现古戏台的辉煌，使其成为水池、边廊、花园景色中最抢眼的视点。

为了向世人更好地展现雕花楼深厚的文化内涵，展示一个个精彩情景，整个空间重新配置了一些名人字画，更值得每一个人去细细品味。

古建保护探索

GUJIAN BAOHU TANSUO

伍

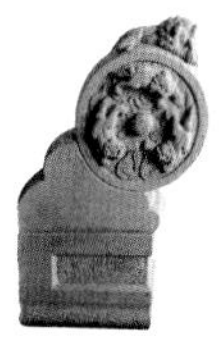

苏州古城已有2500余年的历史，有着悠久的文化积淀和大量的建筑遗存。据统计，目前苏州大市范围内有全国重点文物保护单位34处，省级文物保护单位136处，市级文物保护单位527处，控制保护建筑237处。经历届政府多年来的不懈努力，各级各类列入保护单位的古建筑都得到了及时、有效的保护。

但是毋容置疑，因为历史的原因，不少古建筑，尤其是一些直管公房中的控制保护建筑，至今仍然作为居住房由居民居住，形成了一处古建筑居住着“七十二家房客”的无序状况，使得控保建筑控而不保，只能做些修复和养护，甚至在修复后，又继续遭到新的损毁；也有不少产权为私人的古建筑，因为业主受经济条件的限制，无力进行修缮保护而日渐衰落。

各级政府和社会各界人士，多年来不断地探索着苏州古城保护的课题，特别是近几年来，各级政府古城保护规划的制定，古建保护政策法规的出台，倡导借助社会力量实现多元化运作的思路，人大代表的建议，政协委员的提案，

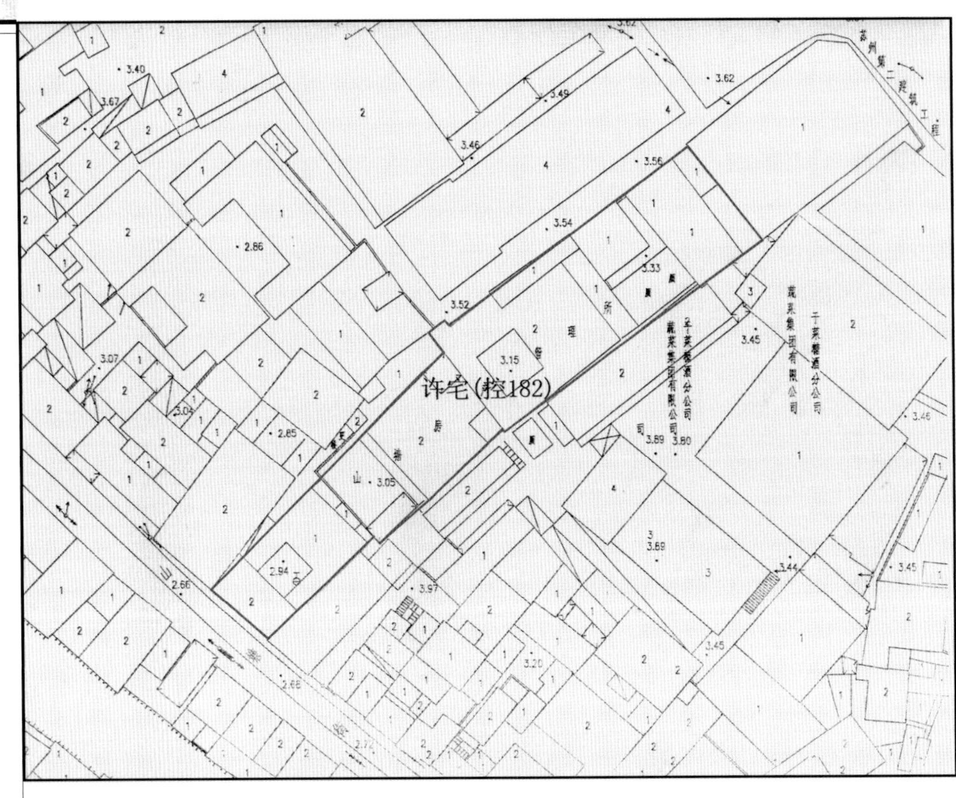

市文物局对控保建筑山塘雕花楼设定的保护紫线图

古色古香的衣架

相关社会团体和专家学者发表的研究论文，使苏州古建筑保护工作有效、稳步地推进。

2002年10月23日，江苏省九届人大常委会第32次会议通过的《苏州市古建筑保护条例》，明确鼓励国内外组织和个人维修、置换、购买苏州古建筑，资助古建筑的修复。一些规模较大的古建筑，便相继开始尝试上市拍卖。苏州的古建筑保护专家表示，鼓励民间资金加入到保护古建筑的队伍中来，对苏州众多的控制保护建筑来说，意味着找到了古建新生的道路。“只求所在，不求所有”，出售古宅不失为一条值得尝试和探索的保护之路。古建筑一经售出，虽然产权发生了变化，但政府对它的保护责任依然存在。对接手的业主来说，“只许美容不许整容”的要求，让上市拍卖之后的古建筑保护仍然步履艰难。苏州古民居的保护探索之路，也引起了全国媒体的关注。

而山塘雕花楼修复、保护、利用的成功实践，对苏州古建筑保护工作具有深远的指导意义。一是民间资金在古城保护、古建筑保护中是一支不可忽视的力量。让民间团体和个人积极参与，让民间资金发挥积极作用，是古建筑保护的一条重要途径。二是在许宅几乎已被焚毁的基础上，原样保护留存的遗迹，原样重建重要的楼厅，经过巧妙构思，创造性地挖池、造戏台，三者有机结合使得老宅废而复生。因此在修复过程中，遵守不改变古建筑原状的要求，按照原形制、原尺寸、原材料、原工艺，修旧如旧的原则进行修复，可以使修复工程达到再现历史原貌的效果。三是将修复后的山塘雕花楼改成企业的会所，将古建筑最大限度地利用起来，使其生机盎然，走出了一条修复、保护、利用的新路。

古建筑的保护形式可以多种多样，作为研讨的课题，专家学者们各抒己见。归纳一下，一般分为收藏性保护、利用性保护和风貌性保护几类。保护方式确实是重要的，但是更为重要的却是古建筑保护的实践。有专家说，保护的目的就是保护，延长古遗存的生命，要在我们手上将古建筑留传给下一代。山塘雕花楼曾经的主人

山塘雕花楼五山屏风墙

雕花楼北部走廊

周炳中、现在的主人苏州二建建筑集团有限公司都做到了这一点。专业的物业管理部门精心管理着整座雕花楼，清洁工天天都打扫古建筑的每一个角落，清洁每一件家具摆设，擦拭每一处雕刻雕花——每年仅为此付出的费用就是一笔不小的数目。雕花楼没有参与商业化运作，没有采用做成旅游景点让人参观的常见模式，而是用了一种属于收藏起来的保护方式，虽然一般市民看不到她的真容，由此却丰富了多种多样的保护方法。

在修复苏州古城墙的工作中，阮仪三曾给《苏州日报》记者撰文说："现在许多重做的古建筑往往为了旅游和景观观瞻的需求，有不少粗制滥造，形象丑陋，成为了假古董，在当今的旅游地区充斥视野，破坏了中国古建筑的形象。"而他觉得苏州"有这么认真的态度和精到的技术是可以做出好东西来的，虽然它不可能做到'五原'的要求，但是认真地研究了过去的形象，从而能最大程度的重现历史的风貌，可以局部地重现历史景观，这就能召回人们对过去城市的记忆，同时也增添了

俯视古戏台

海棠菱角式
半窗

城市的风景……”用这句话来评价山塘雕花楼的保护修复也是十分贴切的，更何况山塘雕花楼的修复基本上达到了原形制、原尺寸、原材料、原工艺、原状复原的“五原”要求呢！

修复、保护后的山塘雕花楼，为我们留下了宝贵的历史文化遗产。什么是成功保护的典型？这就是典型。岁月沧桑，往事悠悠，惊叹之余，我们还能再说什么呢？

山塘雕花楼大事记

SHANTANG DIAOHUALOU DASHIJI

陆

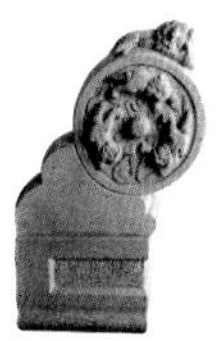

明末清初，始建。

民国初，许鹤丹购得此宅。

民国十六年（1927），金墅镇遭到太湖土匪的洗劫，许鹤丹的诊所迁至苏州山塘街250号。

1988年，许宅面积1,575.31平方米。一、三、四进为二层，二、五、六、七、八进为平房。

1997年10月，一至三进，面积共848.27平方米，落实私房政策后由金阊区山塘房地产开发经营公司作价收购。3、4、5幢仍为公房，面积共720.21平方米。

2000年5月3日，发生火灾。据文字记载，烧毁房屋730.29平方米。

2001年7月，由金阊区山塘房地产开发经营公司转让给周炳中890.74平方米，计100万元，含全部土地使用权。

周炳中受让后，着手修复雕花楼。

2002年11月，改建、新建的房屋1,515.08平方米，全部办理了房屋所有权证。

2009年7月13日，许宅进行拍卖，由苏州二建建筑集团有限公司以2,900万元成交。

2010年7月，办理房地产过户手续，产权人为苏州二建建筑集团有限公司

2010年7月25日，“二建”抽调了人员组成工程组进入雕花楼，8月开始各项完善工程，当年完工。

盆景

太湖石

参考文献

姚承祖

《营造法原》 中国建筑工业出版社 1986年

刘敦桢

《苏州古典园林》 中国建筑工业出版社 2005年

陈从周

《苏州旧住宅参考图录》 同济大学建筑工程系建筑研究室 1958年

徐民苏

《苏州民居》 中国建筑工业出版社 1991年

丁俊清

《江南民居》 上海交通大学出版社 2008年

郑凤鸣

《世纪老山塘》 《苏州楼市》 2007年12月

何大明

《漫步山塘雕花楼》 《苏州楼市》 2006年12月

李德武

《山塘雕花楼和它的主人》 《苏州杂志》 2003年3期

张品荣　张　民

《山塘雕花楼修复记》 《古建园林技术》 2004年1期

苏州市地方志编纂委员会

《苏州市志》 江苏人民出版社 1995年

苏州市文管会

《吴中胜迹》 古吴轩出版社 1996年

苏州市房产管理局

《苏州古民居》 上海同济大学出版社 2004年

油画——山塘雕花楼戏台（美籍华人刘铁麟绘）

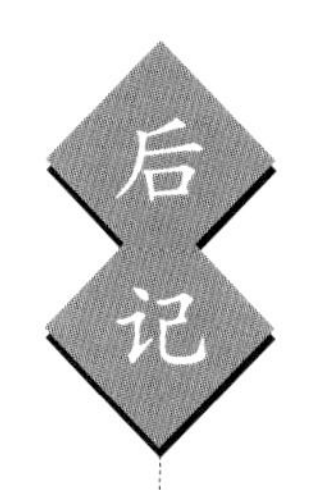

后记

古民居是构成苏州古城的重要组成部分。苏州的古民居与水相依，古朴典雅，粉墙黛瓦，无不体现出清淡、素雅的艺术特色。那些具有姑苏底蕴的厅堂、楼阁、院落、门楼，那些精美的木雕、砖雕和石雕构成的重门叠户、深宅大院，建造者引山入水、天人合一的建筑理念，处处都辉映着吴文化的奇光异彩。

山塘街250号许宅，因其建筑恢宏、雕刻华丽而被誉为山塘雕花楼，被赞为苏州民居中的一枝奇葩。2000年5月3日，一场大火使得许宅发生了两次产权转移，引发出由民营企业家、企业出资复建、修复、完善、保护山塘雕花楼的一段佳话，终于使盛名之下的山塘雕花楼恢复青春，得以保护。这在苏州堪称为由政府主导，通过市场交易的方式发挥社会力量、借用社会资金保护具有历史和艺术价值的控保建筑的一个代表性个案。

本书较为详实地为读者介绍了山塘雕花楼和楼主许鹤丹先生的简要历史；描述了雕花楼的建筑艺术，尤其是满堂华丽精美的砖木雕刻，及其建筑特色；记述了苏州民营企业家和企业为修复、完善、保护这座建筑瑰宝所作出的贡献，以及付出的心血和智慧。本书的编印出版可为人们进一步了解苏州古民居的历史和建筑特色，特别是了解山塘雕花楼的前世今生提供比较全面的资料，也可作为有关部门、大专院校研究苏州控保建筑的保护、利用的参考材料。

本书的编写工作得到了苏州二建建筑集团有限公司的重视和大

力支持，得到了许多关心和关注苏州古建筑保护的领导和朋友们的支持和帮助，在此表示衷心的谢意。特别感谢苏州二建建筑集团有限公司薛锋先生，苏州狮山建筑安装工程有限公司的侯吉仁、蒋军军先生，苏州柯利达装饰股份有限公司的徐星先生，苏州市文物局的徐苏君老师，相城区经济和信息化局许艳老师，以及原沧浪房管所吴炳生老师提供的支持和帮助。

《山塘雕花楼》编委会

2012年8月2日

图书在版编目（CIP）数据

山塘雕花楼：山塘历史街区——许宅／宫长义，祝虹主编. —苏州：古吴轩出版社，2013. 1

ISBN 978-7-80733-971-7

Ⅰ. ①山… Ⅱ. ①宫… ②祝… Ⅲ. ①古建筑—建筑艺术—苏州市 Ⅳ. ①TU-092.2

中国版本图书馆CIP数据核字（2012）第311013号

策　　划：薛　锋
责任编辑：王　琦　唐伟明
装帧设计：唐　朝
责任校对：徐小良
责任照排：韩雅萍
摄　　影：陆建平等

书　　名：山塘雕花楼
　　　　　山塘历史街区——许宅
主　　编：宫长义　祝虹
出版发行：古吴轩出版社
地址：苏州市十梓街458号　　邮编：215006
Http://www.guwuxuancbs.com　　E-mail:gwxcbs@126.com
电话：0512-65233679　　传真：0512-65220750
印　　刷：无锡市长江商务印刷有限公司
开　　本：889×1194 1/16
印　　张：10
版　　次：2013年1月第1版 第1次印刷
书　　号：ISBN 978-7-80733-971-7
定　　价：98.00 元